高等职业教育信息安全技术应用专业系列教材

网络协议安全分析

主　编　李建新

副主编　乔　虹　徐美芳

西安电子科技大学出版社

内 容 简 介

本书为项目任务式教材，包括 12 个项目，介绍了 TCP/IP 参考模型、Wireshark 网络协议分析软件、网络安全法律法规，以及 PPP、ARP、IP、ICMP、TCP、UDP、HTTP、HTTPS、FTP、DHCP 等典型网络协议的运行原理、协议字段、潜在安全风险及防御措施。

通过本书的学习，读者可以将网络协议标准与网络安全运维应用实践相结合，理解协议的运行流程、安全风险及防护措施，从而提高保障网络安全运行的能力。

本书配套有微课视频，以方便读者自学。

本书可作为高等职业教育信息安全技术应用专业学生的教材，也可作为网络信息安全行业从业人员的参考书。

图书在版编目(CIP)数据

网络协议安全分析 / 李建新主编. --西安：西安电子科技大学出版社，2024.1
ISBN 978 - 7 - 5606 - 7154 - 3

Ⅰ.①网…　　Ⅱ.①李…　　Ⅲ.①计算机网络—通信协议　　Ⅳ.①TN915.04

中国国家版本馆 CIP 数据核字(2024)第 009287 号

策　　划　高　樱
责任编辑　高　樱
出版发行　西安电子科技大学出版社(西安市太白南路 2 号)
电　　话　(029)88202421　88201467　　　邮　　编　710071
网　　址　www.xduph.com　　　　　　　电子邮箱　xdupfxb001@163.com
经　　销　新华书店
印刷单位　咸阳华盛印务有限责任公司
版　　次　2024 年 1 月第 1 版　　　2024 年 1 月第 1 次印刷
开　　本　787 毫米×1092 毫米　　　1/16　印张　12
字　　数　280 千字
定　　价　39.00 元
ISBN 978 - 7 - 5606 - 7154 - 3 / TN
XDUP 7456001 - 1

前　言

随着互联网的迅猛发展和数字化转型的推进，网络安全形势日益严峻，网络安全风险不断增加。为了保证网络的安全，应当建立网络安全体系，而在网络安全体系建设中，网络协议安全分析是极其重要的一个环节。

本书较为全面地介绍了网络安全分析的相关知识，书中以项目为导向，设置了网络协议模型、网络接口层协议、网络层协议、传输层协议、应用层协议及综合应用案例等 12 个项目，介绍了 TCP/IP 参考模型、Wireshark 网络协议分析软件、网络安全法律法规，以及PPP、ARP、IP、ICMP、TCP、UDP、HTTP、HTTPS、FTP、DHCP 等典型网络协议。每个项目包含项目知识准备、项目设计与准备、项目实施 3 个环节。在介绍典型网络协议时，重点探讨协议的运行原理、协议字段、潜在安全风险及防御措施，通过典型工作任务提升读者对网络协议安全性的理解及应用。

各项目按照协议自底向上的顺序进行编排，其中的应用实践设计由简单到复杂，便于读者逐步理解和掌握。

项目 1 介绍了 TCP/IP 参考模型的基本概念，描述了数据转发过程、网络安全相关的法律法规以及常用网络协议分析工具的使用。

项目 2 介绍了网络接口层协议 PPP 的帧格式、差错校验以及 PAP 认证与 CHAP 认证的差异。

项目 3 介绍网络层协议 ARP 的运行机制，同时利用特定的软件实现 ARP 攻击，探讨防范 ARP 攻击的方法。

项目 4 针对网络层协议 IP 介绍 IP 数据包的格式、MTU、IP 数据包的分片机制以及大IP 数据包的发送。

项目 5 使用 ping 命令对 ICMP 请求和应答报文进行抓包，分析 ICMP 协议字段和 ping返回结果的关系，并探讨 ping 命令的应用场景。

项目 6 介绍传输层协议 TCP 的数据段格式、三次握手、四次挥手、相关的传输控制机制，分析 SYN Flood 攻击的原理与相应的防御措施。

项目 7 介绍传输层协议 UDP 的数据段格式并分析 UDP Flood 攻击的原理与相应的防御措施。

项目 8 介绍应用层协议 HTTP 的访问过程、HTTP 请求和响应报文结构，通过 Wireshark进行敏感信息的获取。

项目 9 介绍了双向信任关系与密钥交换机制、证书服务器的安装，并通过抓取 HTTPS报文介绍了 SSL 增强的安全特性。

项目 10 介绍了 FTP 的数据连接模式、数据传输模式，通过 Wireshark 进行敏感信息的获取。

项目 11 介绍了 DHCP 的应用场景、报文类型、租期、常见的 DHCP 攻击方法以及相应的防御措施。

项目 12 构建了一个典型的内网接入外网的网络环境，使用了 NAT 和静态路由，其中外网环境提供 DNS 和 FTP 服务。本项目以内网访问外网 FTP 服务器为例，抓取各个节点的数据包，分析 TCP/IP 协议组的协同运作和 TCP/IP 分层的作用，将 TCP/IP 关键协议构成的通信体系完全呈现了出来。

常州信息职业技术学院李建新担任本书主编，乔虹、徐美芳担任副主编。具体编写分工如下：项目 1～3、6、7、9～11 由李建新编写，项目 4、5 由乔虹编写，项目 8、12 由徐美芳编写。

感谢常州微末信息科技有限公司的技术支持。

由于编者水平有限，书中难免存在不足之处，请广大读者批评指正。

本书主编的电子邮箱：8733797@qq.com。

编 者

2023 年 9 月

目　录

项目 1 网络协议模型

1.1 项目知识准备

1.1.1 OSI/RM

为了更好地促进互联网络的研究和发展，使网络应用更为普及，国际标准化组织 ISO 在 1985 年研究制定了网络互联的七层框架参考模型——开放系统互联参考模型，简称 OSI/RM (Open System Interconnect Reference Model)，并推荐所有公司使用这个规范来控制网络。所有公司都采用相同的规范，就能实现网络的互联了。

1. OSI/RM 的结构

OSI/RM 定义了网络互联的七层框架(物理层(Physical Layer)、数据链路层(Data Link Layer)、网络层(Network Layer)、传输层(Transport Layer)、会话层(Session Layer)、表示层 (Presentation Layer)、应用层(Application Layer))。各层的作用如图 1-1 所示。

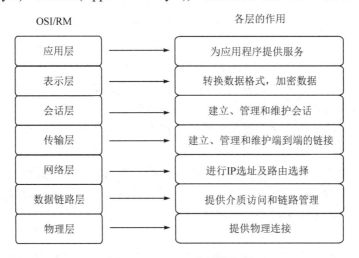

图 1-1 OSI/RM 各层的作用

1) 物理层

物理层涉及通信双方在信道上传输的原始二进制比特流，它的任务就是为上层(数据链路层)提供一个物理连接，以便在相邻节点之间无差错地传送二进制位流。该层的设计必须保证通信的一方发出"1"时，通信的另一方接收到的是"1"而不是"0"。在物理层，设计的问题主要是处理机械的、电气的和过程的接口以及物理层下的物理传输介质等。该层传输的数据单位是"位"(bit)。

需注意的是，传送二进制位流的传输介质(如双绞线、同轴电缆以及光纤等)并不属于物理层要考虑的问题。实际上传输介质并不在 OSI 的七层之内。

2) 数据链路层

数据链路层的主要任务是在两个相邻节点之间无差错地传送以"帧"(frame)为单位的数据，每一帧包括一定数量的数据和若干控制信息。数据链路层首先要建立、维持和释放数据链路的连接。在传送数据时，如果接收节点发现数据有错，则要通知发送方重发这一帧，直到这一帧正确无误地送到为止。这样数据链路层就把一条可能出错的链路转变成让网络层看起来不出错的理想链路。物理层由于仅仅接收和传送比特流，并不关心它的意义和结构，所以只能依赖各链路层来产生和识别帧边界。

3) 网络层

网络层的主要功能是为处在不同网络系统中的两个节点设备之间的通信提供一条逻辑通路，确定从信源机(源节点)沿着网络到信宿机(目的节点)的路由选择。网络层将传输层提供的数据封装成数据包，封装中含有网络层包头，其中包括源节点和目的节点的逻辑地址信息。网络层的基本功能包括路由选择、拥塞控制与网络互联等。在网络层，数据的单位称为"包"(packet)。

4) 传输层

传输层是真正的从源到目标的端到端(end-to-end)层，它提供通信双方端到端的透明的、可靠的数据传输服务。也就是说，源端机上的程序利用传输层报文头和控制报文与目标机上的类似程序进行对话。传输层的主要功能包括连接建立、维护和中断，传输差错校验和恢复，通信流量控制等。传输层是 OSI/RM 中极其重要和关键的一层，是唯一负责总体数据传输和控制的一层。该层的数据单位为报文或数据段(segment)。

5) 会话层

会话层负责通信双方在正式开始传输前的准备工作，目的在于建立传输时所遵循的规则，使传输更顺畅、更有效率。会话层关心的主要任务包括：如何使用全双工模式或半双工模式，如何发起传输，如何结束传输，如何设置传输参数。会话层不参与具体的传输，它只提供包括访问验证和会话管理在内的建立和维护应用之间通信的机制。

6) 表示层

表示层处理两个应用实体之间进行数据交换的语法问题，解决数据交换中存在的数据格式不一致以及数据表示方法不同等问题，如某种格式图像的显示。数据加密与解密、数据压缩与恢复等也都是表示层提供的服务。

7) 应用层

应用层是 OSI/RM 中最靠近用户的一层，它为操作系统或网络应用程序提供访问网络服务的接口。应用层是直接面向用户的一层，用户的通信内容要由应用进程(或应用程序)来发送或接收。这就需要应用层采用不同的应用协议来解决不同类型的网络应用需求，并且保证这些不同类型的应用所采用的底层通信协议是相同的，它直接提供文件传输、电子邮件、网页浏览等服务给用户。

2. OSI/RM 的特点

OSI/RM 网络中各节点都有相同的层次，不同节点的同等层次具有相同的功能，同一节点内相邻层之间通过接口通信；每一层可以使用下层提供的服务，并向其上层提供服务；不同节点的同等层按照协议实现对等层之间的通信(虚拟通信)。其特点可以概括如下：

(1) 同一层中的各网络节点都有相同的层次结构，具有同样的功能。

(2) 不同节点的对等层之间进行通信(虚拟通信)。

(3) 同一节点的相邻层之间通过接口通信。

(4) 下层为上层服务。

1.1.2 TCP/IP 参考模型

Internet 网络的前身 ARPANET 使用的并不是 TCP/IP，而是网络控制协议(Network Control Protocol，NCP)，但 NCP 仅能用于同构网络环境(网络上的所有计算机都运行相同的操作系统)中，设计者认为同构这一限制不应被加到一个分布广泛的网络上。

1980 年，用于异构网络环境中的 TCP/IP 研制成功。

1982 年，ARPANET 开始采用 TCP/IP。

1983 年，TCP/IP 正式替代 NCP，从此以后 TCP/IP 成为大部分因特网共同遵守的一种网络规则。

TCP/IP 定义了网络互联的四层框架(网络接口层、网络层、传输层、应用层)，其与 OSI/RM 的对应关系如图 1-2 所示。

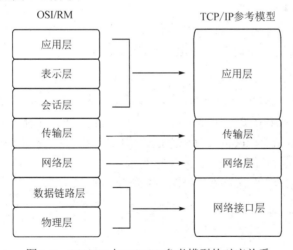

图 1-2 OSI/RM 与 TCP/IP 参考模型的对应关系

1. 网络接口层

网络接口层包括物理层和数据链路层。物理层定义了传输信号使用的物理介质的各种特性，包括机械特性、电子特性、功能特性和规程特性；数据链路层负责接收网络层的 IP 数据包并将其封装成帧后通过网络传输介质发送，或者从网络上接收物理帧，判定接收的二层地址并抽取 IP 数据包交由网络层处理。协议分析软件或者硬件设备通过捕获相应网络接口上的数据帧、将各层的协议逐层"打开"来进行分析和统计。

网络接口层的重要地址是媒介访问控制地址(Media Access Control address，MAC)，该地址是一个 48 位的二进制数。

2. 网络层

网络层主要负责网络节点间的通信。网络层的目的是使两个端之间的数据"透明"地传输,这一层的主要功能是:处理来自传输层的分组发送请求,收到请求以后将分组填入 IP 数据包,选择合适的下一跳并将数据包送往数据链路层进行处理;处理来自数据链路层的数据包,如果是终端设备,则检查合法性后去掉包头,交由传输层进行处理,如果是互连设备则查找合适的路径,转发该数据包。

网络层的路径选择功能提供了网络节点间的多路径传输,同时提供了流量控制和拥塞控制功能。此外,网络层还提供了用于管理和诊断网络的因特网控制报文协议(Internet Control Message Protocol,ICMP),用于结合三层地址和二层地址的地址解析协议(Address Resolution Protocol,ARP)等重要协议。

网络层的重要地址是 IP 地址,该地址是一个 32 位的二进制数,通过子网掩码分为网络号和主机号两个部分。

3. 传输层

传输层利用网络层递交的报文,通过传输层地址提供给应用层传输数据的通信端口,应用层通过传输层进行通信时"看到"的是两个传输实体间的一条端到端的可靠数据链路。传输层为两个端到端的通信提供可靠的传输服务,在单一的物理连接上实现连接的复用,并提供端到端的通信流量控制、差错控制。传输层提供了两种服务:面向连接的服务 TCP 和面向非连接的服务 UDP。

传输层的重要地址是端口号(Port Number),该地址是一个 16 位的二进制数,其中 0~1023 端口号称为众所周知的端口(Well-Known Port)。

4. 应用层

应用层向上为用户提供网络应用程序,向下与传输层进行通信。我们熟知的超文本传输协议(Hyper Text Transport Protocol,HTTP)、域名系统(Domain Name System,DNS)、文件传输协议(File Transfer Protocol,FTP)都是该层的协议,不同的协议使用不同的传输层端口进行通信,为用户提供不同的应用。

各层协议及典型设备的对应关系如图 1-3 所示。

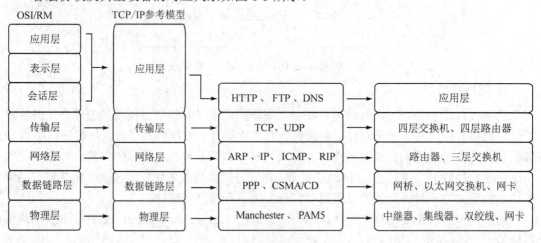

图 1-3 各层协议及典型设备的对应关系

1.1.3 数据转发过程

数据转发过程是一个非常复杂的过程，数据在转发的过程中会进行一系列的封装和解封装，其典型的网络拓扑结构如图 1-4 所示。对于网络工程师来说，只有深入理解了数据在各种不同设备中的转发过程，才能够对网络数据进行正确的分析和检测。

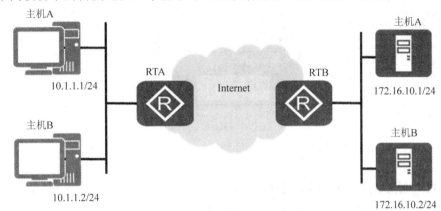

图 1-4 数据转发的典型网络拓扑结构

主机在封装数据包之前，必须知道目的端的 IP 地址，在封装数据帧之前，必须知道去往目的网络的路由以及下一跳的 MAC 地址。

如果主机接收到一个不是发给自己的数据帧，则在检验帧头中的目的 MAC 地址之后丢弃该帧。

传输层会检查 TCP 或 UDP 报文头中的目的端口号，以识别特定应用。

服务器可以只通过源 IP 地址识别两台主机的 HTTP 流量。另外，TCP 报文头中包含的源端口也可以用来区分同一台主机通过不同的浏览器发起的不同会话。

数据包在相同网段内或不同网段之间转发所依据的原理基本一致，在转发过程中使用的各层的最小传输单元如图 1-5 所示。

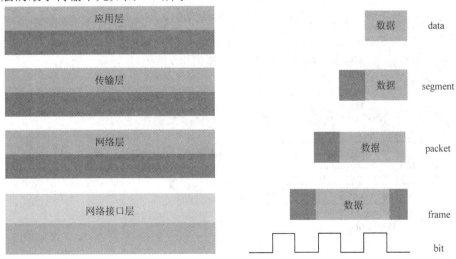

图 1-5 各层的最小传输单元

TCP/IP 参考模型各层数据的封装形式如图 1-6 所示。

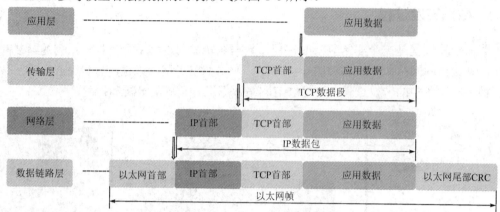

图 1-6 TCP/IP 各层数据的封装形式

发送方应用层的数据想要顺利到达目标主机，需要经过数据的封装、转发和解封装的过程。

(1) TCP 封装是主机建立到达目的地的 TCP 连接后，开始对应用层的数据进行封装，TCP 封装时，会在应用层的数据 Data 前添加 TCP Header，TCP 封装后将数据交给下层的网络层进行封装。TCP 数据封装结构如图 1-7 所示。

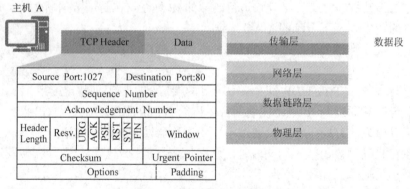

图 1-7 TCP 数据封装结构

(2) 网络层的封装是在上层 TCP 封装的基础上，在其头部增加 IP Header，IP 封装后将数据交给下层的数据链路层进行封装。IP 数据封装结构如图 1-8 所示。

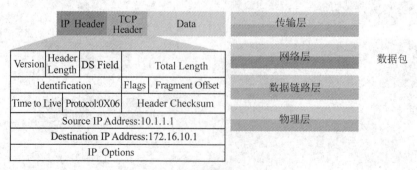

图 1-8 IP 数据封装结构

(3) 数据帧的封装是在 IP 数据封装后的数据的前部增加 Ethernet Header，尾部增加 FCS。数据帧封装结构如图 1-9 所示。

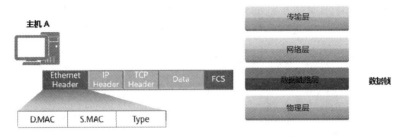

图 1-9　数据帧封装结构

(4) 发送方在网络层上进行数据转发前，需要确定路由信息。路由查找时，需要查看主机 A 的路由表项，表项中必须要拥有到达目的地的路由，主机 A 中存在默认的路由 0.0.0.0，由网关 10.1.1.254 转发。路由转发过程如图 1-10 所示。

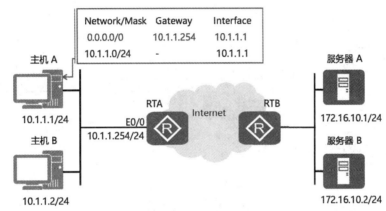

图 1-10　路由转发过程

(5) 发送方在数据链路层进行数据帧的转发时，需要确定目标 MAC 地址后才能进行数据帧的转发。MAC 地址查找时，通过 ARP 缓存表找到下一跳的 MAC 地址，如果表项中没有下一跳的 MAC 地址，则主机 A 会发送 ARP 请求，获取所需的 MAC 地址。MAC 地址查找如图 1-11 所示。

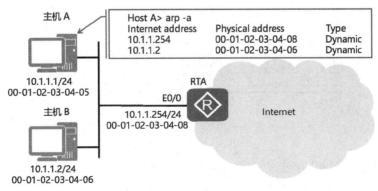

图 1-11　MAC 地址查找

(6) 在解决了目标 MAC 地址后，即可进行数据帧的转发。数据帧转发时，主机工作在半双工状态下，使用 CSMA/CD 来检测链路是否空闲，前导码 Preamble 用于使接收者进入同步状态，定界符 SFD 用于指示帧的开始。数据帧的构成如图 1-12 所示。

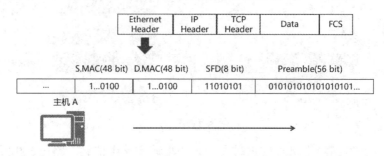

图 1-12   数据帧的构成

同一个冲突域里的设备都会接收到主机 A 发送的数据帧，但只有网关会处理数据帧并对其进行转发。数据帧的转发如图 1-13 所示。

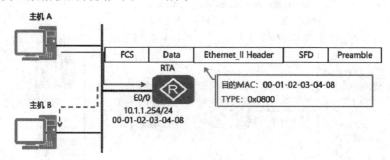

图 1-13   数据帧的转发

(7) 在中间网络节点上由路由器负责数据包的转发。数据包转发时，网关检查是否具有到达目的网络的路由条目，如果存在转发路径，则为数据包添加一个新的二层帧头和帧尾并继续转发，数据包的转发如图 1-14 所示。

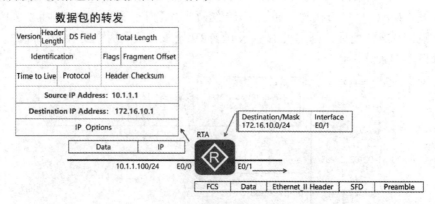

图 1-14   数据包的转发

(8) 当数据到达目标网络后，需要进行数据帧的解封装。以太帧解封装时，RTB 以服务器 A 的 MAC 地址作为目的 MAC 地址继续转发，服务器 A 接收到该数据帧后，发现目的 MAC 为自己的 MAC，则继续处理该数据帧，如图 1-15 所示。

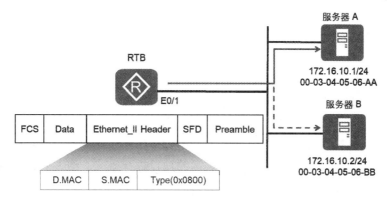

图 1-15 以太帧解封装

(9) 目标主机对数据帧解封装后将数据交给上层的网络层进行数据包的解封装。数据包解封装时，服务器 A 检查数据包的目的 IP 地址，发现目的 IP 地址与自己的 IP 地址相同，服务器 A 剥掉数据包的 IP 头部后，会送往上层协议 TCP 继续进行处理，如图 1-16 所示。

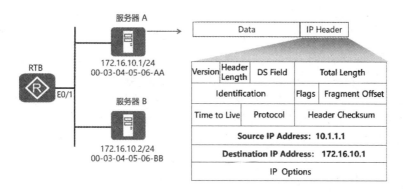

图 1-16 数据包的解封装

(10) 网络层对数据包解封装后将数据交给上层的传输层进行数据段的解封装。数据段解封装时，服务器 A 检查数据包的目的端口，去掉 TCP 头部后，会送往上层对应的应用程序继续进行处理，如图 1-17 所示。

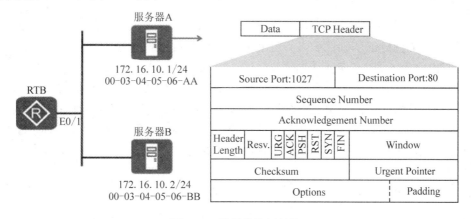

图 1-17 数据段的解封装

1.1.4   IETF 与 RFC

1. 互联网工程任务组

互联网工程任务组(Internet Engineering Task Force，IETF)成立于 1985 年底，是全球互联网最具权威的技术标准化组织，其主要负责互联网相关技术规范的研发和制定。IETF 和 IRTF(Internet Research Task Force，Internet 研究专门小组)都隶属于 IAB(Internet Architecture Board，互联网架构委员会)。IRTF 主要对长远的项目进行研究，绝大多数国际互联网技术标准出自 IETF。

2. 请求注解 RFC

Internet 协议族的文档部分由 IETF 以及 IETF 下属的 IESG(Internet Engineering Steering Group，因特网工程师指导组)定义，也作为 RFC 文档出版。

RFC 中所收录的文件并不一定都是正在使用或为大家所公认的标准，也有很大一部分只是在某个局部领域被使用甚至没有被采用。通常当某个研究机构或团体开发出了一套标准或提出对某种标准的设想，希望通过 Internet 征询外界意见的时候，就会发放一份 RFC，对这一问题感兴趣的人可以阅读该 RFC 并提出自己的意见。经过大量的论证和修改过程后，再由 IETF 指定为网络标准。实际上，在 Internet 上，任何一个用户都可以对 Internet 某一领域的问题提出自己的解决方案或规范，并作为 Internet 草案(Internet Draft，ID)提交给 IETF 和 IESG 以确定该草案是否能成为 Internet 的标准。

RFC 编辑者(RFC Editor)是 RFC 文档的出版者，它负责 RFC 最终文档的编辑审订。RFC 编辑者保留了 RFC 的主文件(称为 RFC 索引)，用户可以在线检索这些主文件。现在 RFC 编辑者由一个工作小组来担任，这个小组受到因特网社团(Internet Society)的支持和帮助。RFC 编辑者负责 RFC 以及 RFC 的整体结构文档，并维护 RFC 的索引。

1.1.5   网络安全相关的法律法规

1. 中华人民共和国网络安全法

《中华人民共和国网络安全法》(简称《网络安全法》)是我国第一部全面规范网络空间安全管理方面问题的基础性法律，由全国人民代表大会常务委员会于 2016 年 11 月 7 日公布，自 2017 年 6 月 1 日起施行。

《中华人民共和国网络安全法》共 7 章 79 条，第二章至第五章分别从网络安全支持与促进、网络运行安全、网络信息安全、监测预警与应急处置等方面，对网络安全有关事项进行了规定，勾勒了我国网络安全工作的轮廓：以关键信息基础设施保护为重心，强调落实运营者责任，注重保护个人权益，加强动态感知快速反应，以技术、产业、人才为保障，立体化地推进网络安全工作。

第一章   总则(共 14 条)

本章主要描述制定网络安全法的目的和适用范围，保障网络安全的目标以及各部门、企业、个人所承担的责任义务，并强调将大力宣传普及，加快配套制度建设，加强基础支撑力量建设，确保网络安全法有效贯彻实施。

第二章 网络安全支持与促进(共 6 条)

本章要求政府、企业和相关部门通过多种形式对企业和公众开展网络安全宣传教育，提高安全意识。鼓励企业、高校等单位加强对网络安全人才的培训和教育，解决目前网络安全人才严重不足问题。另外鼓励和支持通过创新技术来提升安全管理，保护企业和个人的重要数据。

第三章 网络运行安全(共 19 条)

本章特别强调要保障关键信息基础设施的运行安全。安全是重中之重，与国家安全和社会公共利益息息相关。《网络安全法》强调在网络安全等级保护制度的基础上，对关键信息基础设施实行重点保护，明确关键信息基础设施的运营者负有更多的安全保护义务，并配以国家安全审查、重要数据强制本地存储等法律措施，确保关键信息基础设施的运行安全。

第四章 网络信息安全(共 11 条)

本章从三个方面要求加强网络数据信息和个人信息的安全：第一、要求网络运营者对个人信息在采集和提取方面采取技术措施和管理办法，加强对公民个人信息的保护，防止公民个人信息数据被非法获取、泄露或者非法使用；第二、赋予监管部门、网络运营者、个人或组织职责和权限并规范网络合规行为，使其互相监督管理；第三、在有害或不当信息发布和传输过程中分别对监管者、网络运营商、个人和组织提出了具体处理办法。

第五章 监测预警与应急处置(共 8 条)

本章将监测预警与应急处置工作制度化、法治化，明确国家建立网络安全监测预警和信息通报制度，建立网络安全风险评估和应急工作机制，制定网络安全事件应急预案并定期演练。这为建立统一高效的网络安全风险报告机制、情报共享机制、研判处置机制提供了法律依据，为深化网络安全防护体系、实现全天候全方位感知网络安全态势提供了法律保障。

第六章 法律责任(共 17 条)

行政处罚：责令改正、警告、罚款，有关机关还可以把违法行为记录到信用档案，对于非法入侵等，建立了职业禁入制度。

民事责任：违反《网络安全法》的行为给他人造成损失的，网络运营者应当承担相应的民事责任。

治安管理处罚/刑事责任：违反本法规定，构成违反治安管理行为的，依法给予治安管理处罚；构成犯罪的，依法追究刑事责任。

《中华人民共和国网络安全法》将原来散见于各种法规、规章中的规定上升到法律层面，对网络运营者等主体的法律义务和责任做了全面规定，包括守法义务，遵守社会公德、商业道德义务，诚实信用义务，网络安全保护义务，接受监督义务，承担社会责任等，并在"网络运行安全""网络信息安全""监测预警与应急处置"等章节中进一步明确、细化。在"法律责任"中则提高了违法行为的处罚标准，加大了处罚力度，有利于保障《中华人民共和国网络安全法》的实施。

2. 中华人民共和国数据安全法

《中华人民共和国数据安全法》由中华人民共和国第十三届全国人民代表大会常务委

员会第二十九次会议于 2021 年 6 月 10 日通过，自 2021 年 9 月 1 日起施行。

《中华人民共和国数据安全法》共 7 章 51 条，第二章至第五章分别从数据安全与发展、数据安全制度、数据安全保护义务、政务数据安全与开放五个方面，对数据安全有关事项进行了规定，勾勒了我国数据安全工作的轮廓：实施大数据战略，制定数字经济发展规划；支持数据相关技术研发和商业创新；推进数据相关标准体系建设，促进数据安全检测评估、认证等服务的发展；培育数据交易市场；支持采取多种方式培养专业人才；等等。

第一章　总则

(1) 适用范围：在中国境内开展数据活动的组织和个人。

(2) 定义：数据是指任何以电子或者非电子形式对信息的记录。

(3) 保护要求：采取必要措施，对数据进行有效保护和合法利用，并持续保持其安全能力。

(4) 责任任务：工业、电信、交通、金融、自然资源、卫生健康、教育、科技等主要行业会落地数据保护行业规范，并且落地本部门的数据安全规范；公安机关、国家安全机关等在各自职责范围内承担数据安全监管职责；网信部门负责统筹协调和监管。

(5) 本法对行业组织提出了制定安全行为规范、加强行业自律、指导会员加强数据安全保护的要求。这项法规有效地消灭了灰色地带，对各行业都形成了法律约束，杜绝了数据的随意共享和流转。

第二章　数据安全与发展

(1) 发展原则：国家统筹发展和安全，坚持保障数据安全与促进数据开发利用并重。

(2) 战略要求：省级以上人民政府应制定数字经济发展规划。这进一步细化了国家数据战略的执行主体。

(3) 标准体系：国家主管部门负责相关标准和体系的制定。

(4) 评估认证：国家促进数据安全检测评估、认证等服务的发展，支持专业机构依法开展服务。

(5) 人才培养：要采取多种方式培养数据开发利用技术和数据安全专业人才。

(6) 提供智能化公共服务，应当充分考虑老年人、残疾人的需求，避免对老年人、残疾人的日常生活造成障碍。

第三章　数据安全制度

(1) 分类分级：国家建立数据分类分级保护制度，对数据实行分类分级保护，并确定重要数据目录，加强对重要数据的保护。

(2) 风险评估：要建立集中统一、高效权威的数据安全风险评估、报告、信息共享、监测预警机制。

(3) 应急处置：要建立数据安全应急处置机制。

(4) 安全审查：要建立数据安全审查制度。

(5) 出口管制：对属于管制物项的数据依法实施出口管制，这进一步明确了国家对中国数据的主权，即我国数据不论是否在境内，都受到中国法律的保护。

第四章　数据安全保护义务

(1) 管理制度：在网络安全等级保护制度的基础上，建立健全全流程数据安全管理制度，组织开展教育培训。重要数据的处理者应当明确数据安全负责人和管理机构，进一步落实数据安全保护的责任主体。

(2) 风险监测：当出现缺陷、漏洞等风险时，要采取补救措施；当发生数据安全事件时，应当立即采取处置措施，并按规定上报。

(3) 风险评估：定期开展风险评估并上报风评报告。

(4) 数据收集：任何组织、个人收集数据必须采取合法、正当的方式，不得窃取或者以其他非法方式获取数据。

(5) 数据交易：数据服务商或交易机构要提供并说明数据来源证据，要审核相关人员身份并留存记录。

(6) 经营备案：数据服务经营者应当取得行政许可，服务提供者应当依法取得许可。

(7) 配合调查：要求依法配合公安、安全等部门进行犯罪调查。非经中华人民共和国主管机关批准，境内的组织、个人不得向外国司法或者执法机构提供存储于中华人民共和国境内的数据。

(8) 关键信息基础设施的运营者在中华人民共和国境内运营中收集和产生的重要数据的出境安全管理，适用《中华人民共和国网络安全法》的规定；其他数据处理者在中华人民共和国境内运营中收集和产生的重要数据的出境安全管理办法，由国家网信部门会同国务院有关部门制定。

第五章　政务数据安全与开放

(1) 管理制度：建立健全全流程数据安全管理制度，落实数据安全保护责任。

(2) 存储加工：委托他人存储、加工或提供政务数据，应当经过严格审批，并做好监督。受托方不得擅自留存、使用、泄露或向他人提供政务数据。

(3) 数据开放：构建统一政务数据开放平台，发布数据开放目录，推动政务数据开放利用。

(4) 适用主体：法律、法规授权的具有管理公共事务职能的组织。

第六章　法律责任

(1) 不履行规定的保护义务的：责令改正和警告，给予单位 5 万至 50 万元罚款，给予负责人 1 万至 10 万元罚款；拒不改正或造成大量数据泄露等严重后果的，给予单位 50 万至 200 万元罚款，最高责令吊销相关业务许可证或者吊销营业执照，给予负责人 5 万至 20 万元罚款。

(2) 危害国家安全和损害合法权益的：给予 200 万至 1000 万元罚款，责令停业整顿、吊销相关业务许可证或者吊销营业执照；构成犯罪的，追究刑事责任。

(3) 向境外提供重要数据的：由有关主管部门责令改正，给予警告，可以并处 10 万至 100 万元罚款，对直接负责的主管人员和其他直接责任人员可以处 1 万至 10 万元罚款；情节严重的，给予 100 万至 1000 万元罚款，责令停业整顿、吊销相关业务许可证或者吊销营业执照，对负责人给予 10 万至 100 万元罚款。

(4) 交易来源不明的数据的：没收违法所得，对违法所得处以一至十倍罚款；没有违法所得或违法所得不足 10 万元的，给予 10 万至 100 万元罚款，最高责令吊销营业执照，对主管和直接责任人处以 1 万至 10 万元罚款。

(5) 拒不配合数据调取的：由有关主管部门责令改正，给予警告，可以并处 5 万元至 50 万元罚款，对直接负责的主管人员和其他直接责任人员可以处 1 万至 10 万元罚款。

(6) 国家机关不履行安全保护义务的：对负责人和直接责任人员依法给予处分。

(7) 未经审批向境外提供组织数据的：由有关主管部门给予警告，可以并处 10 万至 100 万元罚款，对直接负责的主管人员和其他直接责任人员可以处 1 万至 10 万元罚款；造成严重后果的，给予 100 万至 500 万元罚款，责令停业整顿、吊销相关业务许可证或者吊销营业执照，对负责人给予 5 万至 500 万元罚款。

(8) 国家工作人员违法的：玩忽职守、滥用职权、徇私舞弊的，依法给予处分。

(9) 窃取或非法获取数据的：依照有关法律、行政法规的规定处罚。

(10) 给他人造成损害的：依法承担民事责任，构成犯罪的，依法追究刑事责任。

1.1.6 常用网络协议分析工具

TCP/IP 采用的是分层设计的通信模型。分层意味着每层完成了相对独立的功能，这不仅意味着相邻各层之间协同工作，还意味着两个通信实体间的通信是在对等层进行的。网络协议分析就是使用一个软件或者硬件设备捕获(也称为嗅探、抓包)网络通信过程中的协议比特流(数据帧)，通过分析协议的头部和尾部信息来诊断、修复和理解通信网络。因为能够捕获协议比特流，所以网络协议分析还能够窃取网络信息，此外还能将捕获的协议数据进行编辑和重新发送来侦测或攻击网络。网络协议分析使用的软件或者硬件设备就叫作网络协议分析工具(也叫作网络嗅探器或者数据包分析器)。本章介绍的网络协议分析工具均为软件。网络协议分析工具一般具有以下基本功能：

(1) 捕获网络物理接口接收和发送的协议的数据帧。

(2) 捕获数据包(包含头部(或者尾部)的地址或控制信息)的 ASC 码显示。

(3) 捕获数据包的存储、分类检索和过滤。

无论使用何种网络协议分析工具，都是为了特定的分析目标展开的，都要经过一定的流程去达到分析的目的，得到需要的结论。通常网络协议分析都是伴随着网络安全、带宽拥塞或网络性能校调等特定的排错和诊断目的进行的。一般情况下，网络协议分析过程如图 1-18 所示。

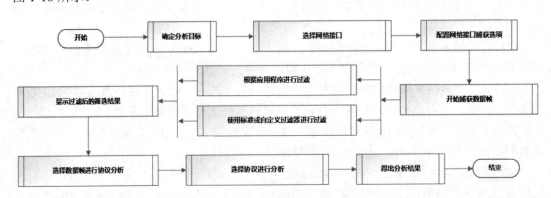

图 1-18   基本的网络协议分析过程

网络协议分析工具有很多。本节选取了有代表性的三款网络协议分析工具进行介绍。

1. Wireshark

Wireshark 是一个具有悠久历史的免费网络协议分析工具，其前身就是大名鼎鼎的 Ethereal，它是目前全世界使用最广泛的网络数据包分析工具之一，同时也是一个可以免费获取源码的开源软件。该软件于 1998 年发布第一个版本，2006 年 Ethereal 因为商标问题更名为 Wireshark。

Wireshark 最大的特点就是开源且跨平台。开源使用户可以修改其相应的代码来改进和定制网络协议分析工具；跨平台使 Wireshark 可以在 Windows 操作系统、macOS 操作系统和 Linux 操作系统中完成数据分析任务。Wireshark 的主界面如图 1-19 所示。

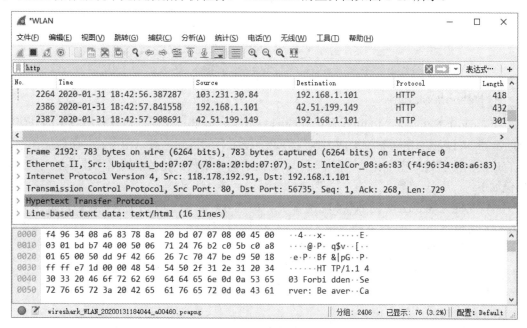

图 1-19　Wireshark 的主界面

2. CommView

TamoSoft 公司的 CommView 是一款强大的商业网络协议分析工具集，它提供的不同软件能够在不同的应用场景完成协议分析。其特色如下：

(1) 包含针对 VoIP 的分析器，可针对 SIP 和 H.232 语音通信进行录制和回放。

(2) 借助代理工具 CommView Remote Agent，CommView 可以捕获任何运行代理软件的计算机产生的网络流量，无须考虑该计算机的物理位置这一特点使 CommView 不仅仅局限于局域网的分析环境。

(3) 可以针对捕获的数据帧进行编辑和重发。

(4) 可以生成实时快速的网络流量报告。

(5) 在捕获的数据包内容中搜索字符串或十六进制数据。

(6) 可以配置针对异常地址、高带宽占用、可疑数据包等网络事件的报警机制。

(7) 支持不同厂商的数据分析器多种格式的存储文件的导入和导出。

CommView 的主界面如图 1-20 所示。

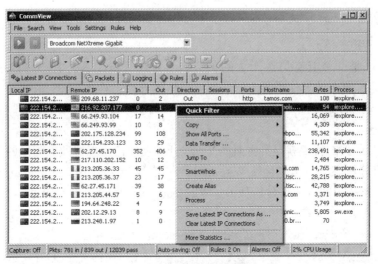

图 1-20   CommView 主界面

3. Network Monitor

Microsoft Network Monitor 是微软的网络协议分析工具软件。随着软件版本的升级，Microsoft Network Monitor 逐渐成为网络协议分析工具的后起之秀。由于其对微软操作系统具有广泛的支持性，完全免费，短小精悍，因而成为一个极具特色的网络协议分析工具。其特色如下：

(1) 支持无线 802.11 的捕获和监视模式，可选择特定的无线局域网协议和信道。

(2) 可以捕获 VPN 信道的数据。

(3) 在线升级便捷，内置强大的过滤器。

(4) 具有多个最新的功用性分析器以及面向开发人员的协议语法功能。

(5) 全面支持 32 位和 64 位微软操作系统。

(6) 短小精悍，完全免费。

Network Monitor 的主界面如图 1-21 所示。

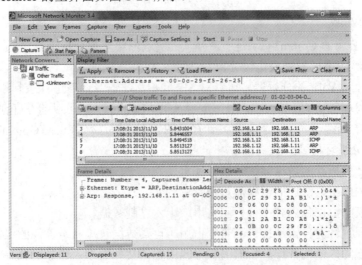

图 1-21   Network Monitor 的主界面

4. WinPcap 与 Npcap

1) WinPcap

WinPcap 是一个基于 Win32 平台的、用于捕获网络数据包并进行分析的开源库，目前已停止更新，它不支持 Windows 10 1607 及以上版本。

WinPcap 能独立地通过主机协议发送和接收数据，不能阻止、过滤或操纵同一机器上的其他应用程序的通信，仅能简单地"监视"在网络上传输的数据包。所以，它不能提供类似网络流量控制、服务质量调度和个人防火墙之类的支持。

2) Npcap

Nmap 项目的创始人 Gordon Lyon 创建了 Npcap。Npcap 是替代 WinPcap 的新型 Windows 网络数据包截获软件，它是采用 NDIS6(Network Driver Interface Specification)技术对 WinPcap 工具包进行改进的一个软件。Npcap 基于 WinPcap 4.1.3 源码开发，支持 32 位和 64 位架构，可抓取本机回送地址 127.0.0.1 的数据包。

1.2　项目设计与准备

1. 项目设计

熟悉并掌握 Wireshark 的安装及基本使用，有效地提高捕获数据包、分析数据包的效率。其网络拓扑结构如图 1-22 所示。

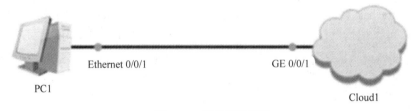

图 1-22　网络拓扑结构

2. 项目准备

网络拓扑结构中涉及的设备的 IP 地址规划如表 1-1 所示。

表 1-1　IP 地址规划表

序　号	设备名称	IP 地址
1	PC1	192.168.88.101/24

1.3　项目实施

任务 1-1　下载 Wireshark

本任务要完成下载 Wireshark，具体步骤如下：

(1) 进入 Wireshark 官网，如图 1-23 所示。

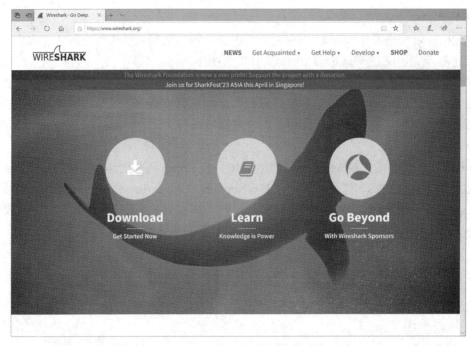

图 1-23   Wireshark 官网

(2) 单击 Download 图标，进入下载页面，如图 1-24 所示。在 Stable Release 部分可以看到，目前 Wireshark 的最新版本是 4.0.3。该页面提供了 Windows、macOS 和源码包的下载地址。用户可以根据自己的操作系统下载相应的软件包，如图 1-24 所示。

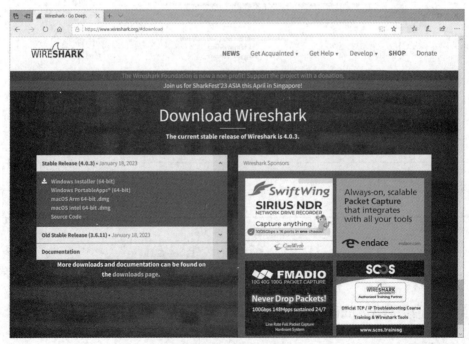

图 1-24   Wireshark 下载页面

(3) 下载 Windows 64 位的安装包，单击 Windows Installer(64-bit) 链接进行下载。下载后的文件名为 Wireshark-win64-4.0.3.exe，如图 1-25 所示。

图 1-25　Wireshark 安装文件

任务 1-2　安装 Wireshark

本任务要安装 Wireshark，具体步骤如下：

(1) 双击下载的 Wireshark-win64-4.0.3.exe 进行安装，出现安装欢迎界面，单击 Next 按钮，如图 1-26 所示。

图 1-26　Wireshark 安装向导

(2) 同意 License，单击 Noted 按钮，如图 1-27 所示。

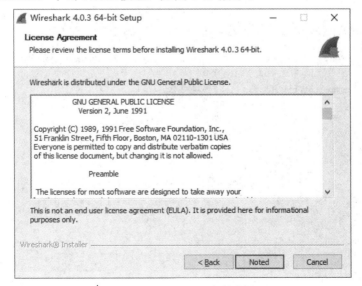

图 1-27　Wireshark 安装向导

(3) 出现 Help 提示，单击 Next 按钮，如图 1-28 所示。

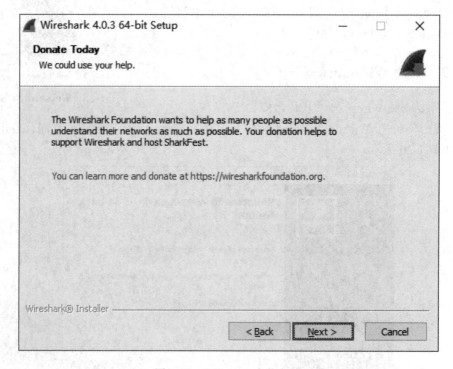

图 1-28   Wireshark 安装向导

(4) 选择安装组件，保持默认，单击 Next 按钮，如图 1-29 所示。

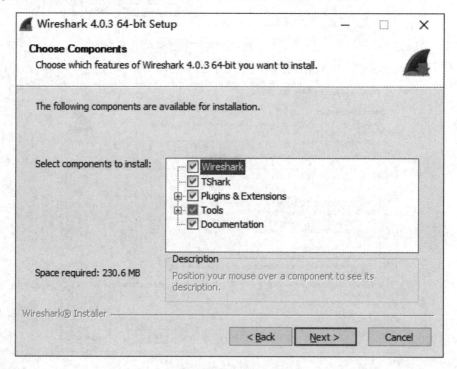

图 1-29   Wireshark 安装向导

(5) 选择快捷方式，保持默认，单击 Next 按钮，如图 1-30 所示。

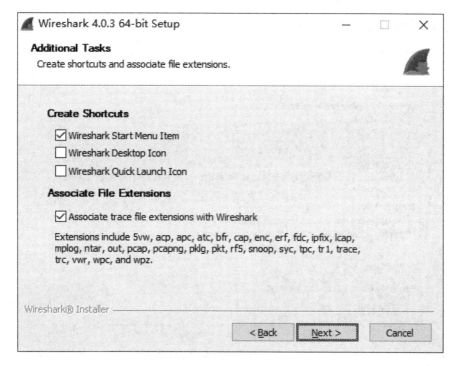

图 1-30　Wireshark 安装向导

(6) 选择安装位置，保持默认，单击 Next 按钮，如图 1-31 所示。

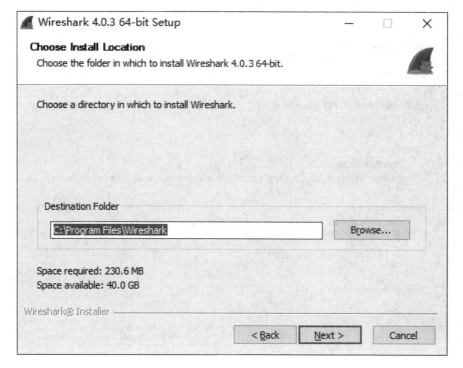

图 1-31　Wireshark 安装向导

(7) 选择安装包捕获组件 Npcap，保持默认，单击 Next 按钮，如图 1-32 所示。

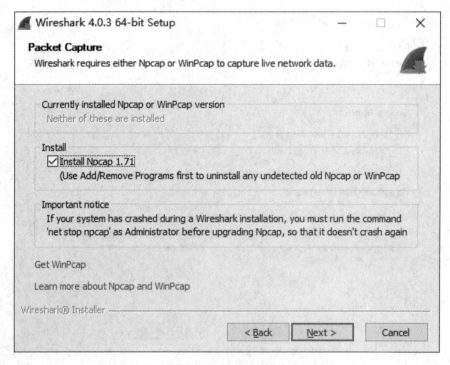

图 1-32   Wireshark 安装向导

(8) 不安装 USB 捕获，保持默认，单击 Install 按钮，如图 1-33 所示。

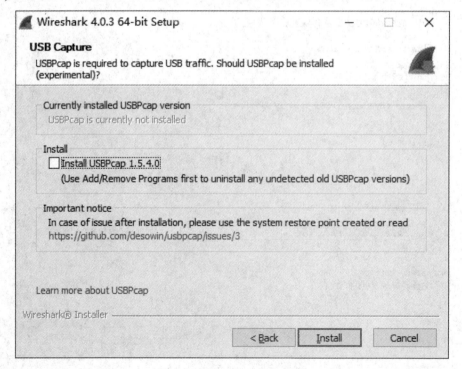

图 1-33   Wireshark 安装向导

(9) 出现安装过程界面，如图 1-34 所示。

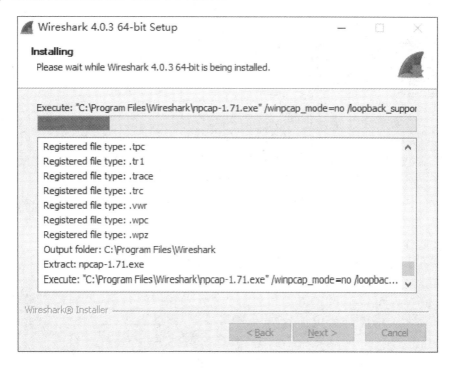

图 1-34 Wireshark 安装向导

(10) 安装过程中弹出 Npcap 安装界面，单击 I Agree 按钮，如图 1-35 所示。

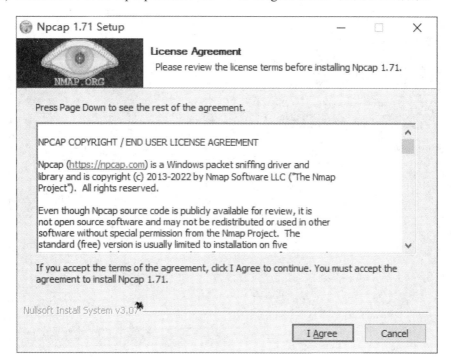

图 1-35 Wireshark 安装向导

(11) 设置安装选项，保持默认，单击 Install 按钮，如图 1-36 所示。

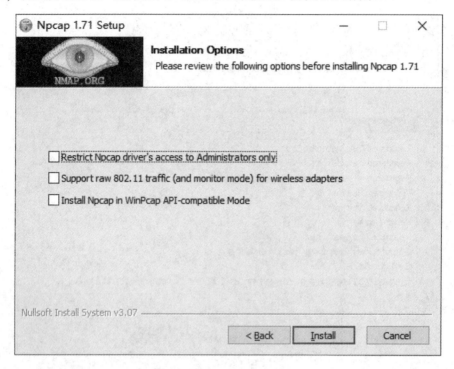

图 1-36   Wireshark 安装向导

出现安装界面，如图 1-37 所示。

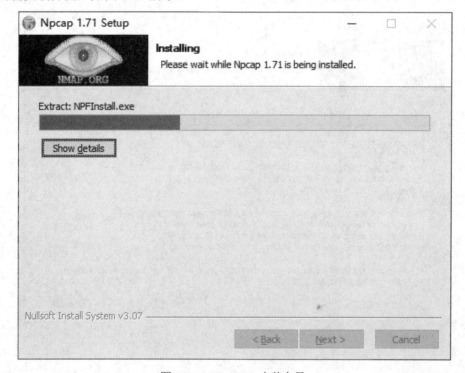

图 1-37   Wireshark 安装向导

(12) 出现安装完成提示界面，单击 Next 按钮，如图 1-38 所示。

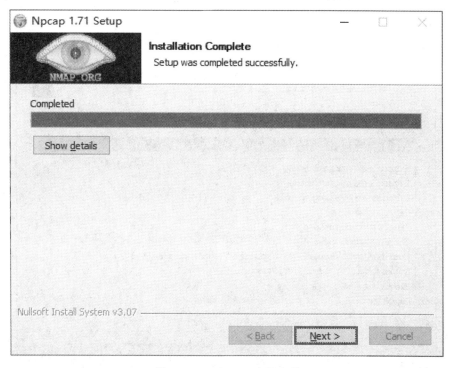

图 1-38　Wireshark 安装向导

(13) 出现安装完成界面，单击 Finish 按钮，如图 1-39 所示。

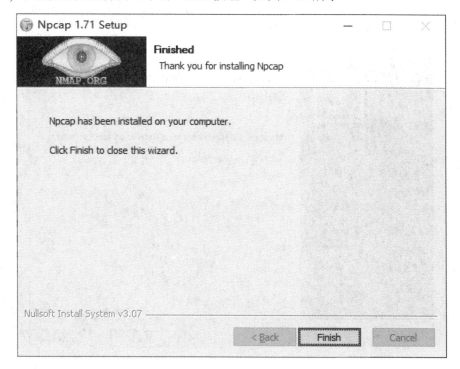

图 1-39　Wireshark 安装向导

(14) 返回 Wireshark 安装界面，出现安装完成提示界面，单击 Next 按钮，如图 1-40 所示。

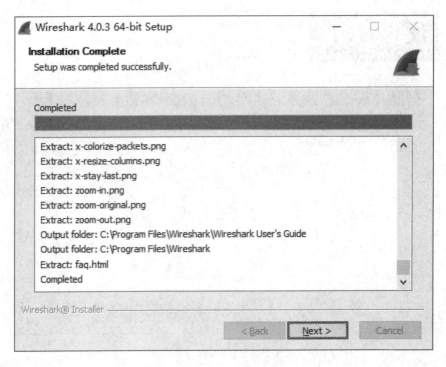

图 1-40　Wireshark 安装向导

(15) 出现安装完成界面，单击 Finish 按钮，如图 1-41 所示。

图 1-41　Wireshark 安装向导

(16) 安装完成,在 Windows 的"开始"菜单中会出现 Wireshark 图标,如图 1-42 所示。

图 1-42　运行 Wireshark

任务 1-3　Wireshark 的初步使用

本任务要完成 Wireshark 的初步使用,具体步骤如下:

(1) 运行 Wireshark,弹出 Wireshark 的主界面,如图 1-43 所示。

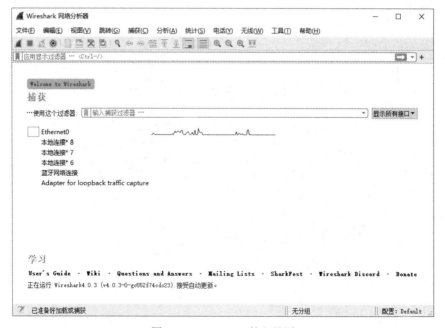

图 1-43　Wireshark 的主界面

(2) 双击需要捕获数据的网卡进行捕获，如图 1-44 所示。

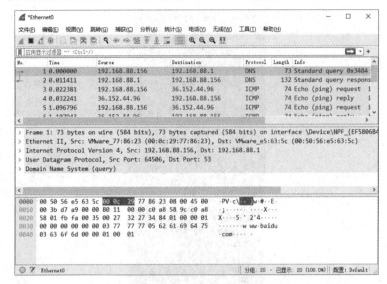

图 1-44　Wireshark 捕获

图 1-44 中所显示的信息从上到下分布在 3 个面板中，每个面板包含的信息含义如下：

① Packet List 面板：上面部分显示 Wireshark 捕获到的所有数据包，这些数据包从 1 进行顺序编号。

② Packet Details 面板：中间部分显示一个数据包的详细内容信息，并且以层次结构进行显示。这些层次结构默认是折叠起来的，用户可以展开查看详细的内容信息。

③ Packet Bytes 面板：下面部分显示一个数据包未经处理的原始样子，数据以十六进制和 ASCII 格式进行显示。

将捕获的流量保存成文件，单击工具栏上的停止捕获按钮后，再单击文件菜单，选择另存为子菜单，如图 1-45 所示。

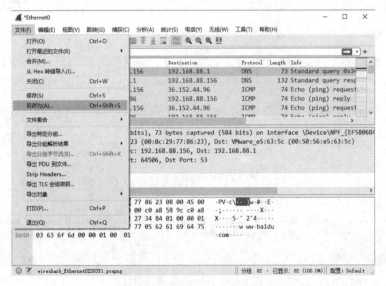

图 1-45　Wireshark 文件保存

(3) 在弹出的"另存为"窗口中，填入需要保存的文件名，如 test，单击保存按钮，如图 1-46 所示。

图 1-46 Wireshark 文件保存

(4) 保存的文件名为 test.pcapng，如图 1-47 所示。

test.pcapng

图 1-47 Wireshark 保存文件

小 结

TCP/IP 能够迅速发展起来并成为事实上的标准，是因为它恰好适应了世界范围内数据通信的需要。TCP/IP 具有以下特点：

(1) 协议标准完全开放，可以免费使用，且独立于特定的计算机硬件与操作系统。

(2) 独立于网络硬件系统，可以运行在广域网，更适合于互联网。

(3) 网络地址统一分配，网络中每一设备和终端都具有一个唯一地址。

(4) 高层协议标准化，可以提供多种多样可靠的网络服务。

主机在封装数据包之前，必须要知道目的端 IP 地址。在封装数据帧之前，必须要知道去往目的网络的路由以及下一跳的 MAC 地址。如果主机接收到一个不是发往自己的数据帧，在检验帧头中的目的 MAC 地址之后会丢弃该帧。传输层会检查 TCP 或 UDP 报文头中的目的端口号，以此来识别特定应用。服务器可以只通过源 IP 地址识别两台主机的 HTTP流量，另外，TCP 报文头中包含的源端口也可以被用来区分同一台主机通过不同的浏览器发起的不同的会话。

练 习 题

1. 路由器工作在 OSI 参考模型的(   )层。

A. 数据链路层　　　　　B. 网络接口层　　　　　C. 网络层　　　　　D. 传输层

2. 数据的加密/解密、压缩/解压缩、标准格式间的转换等属于(   )功能。

A. 会话层　　　　　B. 数据链路层　　　　　C. 表示层　　　　　D. 传输层

3. 会话的建立、维护和交互过程中的同步等属于(   )功能。

A. 会话层　　　　　B. 应用层　　　　　C. 表示层　　　　　D. 传输层

4. 在一台源 IP 主机和网络中所有其他 IP 主机之间进行的 IP 通信称为(   )。

A. 单播　　　　　B. 组播　　　　　C. 广播　　　　　D. 直播

5. 下列给出的协议中，属于 TCP/IP 结构的应用层是(   )。

A. UDP　　　　　B. IP　　　　　C. TCP　　　　　D. Telnet

项目 2 网络接口层协议 PPP

2.1 项目知识准备

2.1.1 以太网帧的格式

在以太网链路上传输的数据称作以太帧。以太帧起始部分由前导码和帧开始符组成，后面紧跟着一个以太网报头，以 MAC 地址说明目的地址和源地址。帧的中部是该帧负载的包含其他协议报头的数据包。以太帧由一个 32 位冗余校验码结尾，它用于检验数据传输是否出现损坏。数据链路层控制数据帧在物理链路上传输，如图 2-1 所示。

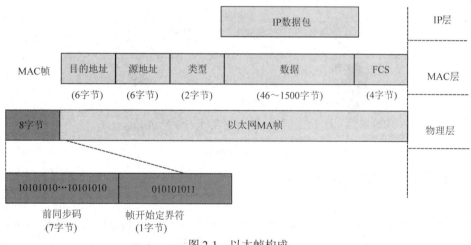

图 2-1 以太帧构成

以太帧中各字段含义如表 2-1 所示。

表 2-1 以太帧各字段含义

字　　段	含　　　义
前同步码	用来使接收端的适配器在接收 MAC 帧时能够迅速调整时钟频率，使它和发送端的频率相同。前同步码为 7 个字节，1 和 0 交替
帧开始定界符	帧的起始符，为 1 个字节。前 6 位 1 和 0 交替，最后的两个连续的 1 表示告诉接收端适配器："帧信息要来了，准备接收"
目的地址	接收帧的网络适配器的物理地址(MAC 地址)，为 6 个字节(48 比特)。作用是当网卡接收到一个数据帧时，首先会检查该帧的目的地址,是否与当前适配器的物理地址相同，如果相同，就会进一步处理；如果不同，则直接丢弃

续表

字　段	含　义
源地址	发送帧的网络适配器的物理地址(MAC 地址)，为 6 个字节(48 比特)
类型	上层协议的类型。由于上层协议众多，所以在处理数据的时候必须设置该字段，标识数据交付哪个协议处理。例如，字段为 0x0800 时，表示将数据交付给 IP 协议
数据	也称为效载荷，表示交付给上层的数据。以太网帧数据长度最小为 46 字节，最大为 1500 字节。如果不足 46 字节时，会填充到最小长度
帧检验序列 FCS	检测该帧是否出现差错，占 4 个字节(32 比特)。发送方计算帧的循环冗余码校验(CRC)值，把这个值写到帧里。接收方计算机重新计算 CRC，与 FCS 字段的值进行比较。如果两个值不相同，则表示传输过程中发生了数据丢失或改变。这时，就需要重新传输这一帧

数据链路层基于 MAC 地址进行帧的传输。MAC 地址由两部分组成，分别是供应商代码和序列号。其中前 24 位代表该供应商代码，由 IEEE(Institute of Electrical and Electronics Engineers，电气和电子工程师协会)管理和分配，剩下的 24 位序列号由供应商自己分配。如图 2-2 所示。

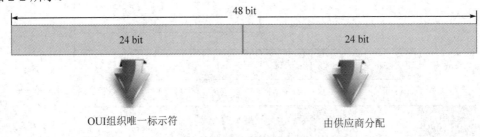

图 2-2　MAC 地址构成

以太帧在传输过程中涉及以下内容。

1. 单播

单播是主机之间"一对一"的通信模式，网络中的交换机和路由器对数据只进行转发不进行复制。如果 10 个客户机需要相同的数据，则服务器需要逐一传送，重复 10 次相同的工作。由于其能够针对每个客户进行及时响应，所以现在的网页浏览全部都是采用 IP 单播协议。网络中的路由器和交换机根据其目标地址选择传输路径，将 IP 单播数据传送到其指定的目的地。

2. 广播

广播是主机之间"一对所有"的通信模式，网络对其中每一台主机发出的信号都进行无条件复制和转发，所有主机都可以接收到所有信息(不管你是否需要)，由于不用路径选择，所以其网络成本可以很低廉。有线电视网就是典型的广播型网络，我们的电视机实际上是接收所有频道的信号，但只将一个频道的信号还原成画面。在数据网络中也允许广播的存在，但其被限制在二层交换机的局域网范围内，禁止广播数据穿过路由器，防止广播数据影响大面积的主机。

3. 多播

"多播"可以理解为一个人向多个人(但不是在场的所有人)说话,这样能够提高通话的效率。如果你要通知特定的某些人同一件事情,但是又不想让其他人知道,使用电话一个一个地通知就非常麻烦,而使用日常生活的大喇叭进行广播通知,就达不到只通知个别人的目的,此时使用"多播"就会非常方便快捷,但是现实生活中多播设备非常少。多播包括组播和广播,组播是多播的一种表现形式。

4. 冲突域

冲突域是连接在同一导线上的所有工作站的集合,或者说是同一物理网段上所有节点的集合或以太网上竞争同一带宽的节点集合。也就是说,用 Hub 或者 Repeater 连接的所有节点可以被认为是在同一个冲突域内,它不会划分冲突域。

5. 广播域

广播域是网络中一组相互接收广播消息的设备。第一层设备如集线器,与之连接的所有设备都属于同一个冲突域和同一个广播域;第二层设备如交换机和网桥,可以将网络划分成多个网段,每个网段是一个独立的冲突域,但是相连的所有设备是一个广播域,交换机的每个端口就是一个冲突域;第三层设备如路由器,可以将网络划分为多个冲突域和广播域。

以太网使用载波侦听多路访问/冲突检测(Carrier Sense Multi-Access/Collision Detection,CSMA/CD)技术以减少冲突的发生。即二层广播帧覆盖的范围就是广播域,二层单播帧覆盖的范围就是冲突域。

VLAN(Virtual Local Area Networks)技术把用户划分成多个逻辑的网络组,组内可以通信,组间不允许通信。二层转发的单播、组播、广播报文只能在组内转发,并且很容易地实现组成员的添加或删除。VLAN 技术提供了一种管理手段来控制终端之间的互通。一个VLAN 内的广播数据帧并不会被泛洪到另一个 VLAN 中,因为他们处于不同的广播域。

当主机接收到的数据帧所包含的目的 MAC 地址是自己时,会把以太网帧封装剥离后送往上层协议,如图 2-3 所示。

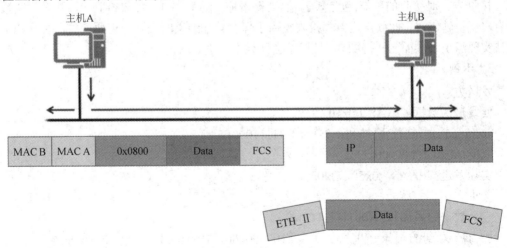

图 2-3　以太网帧封装剥离

2.1.2 差错校验

在数据传输过程中,无论传输系统设计得如何完美,差错总会存在,这种差错可能会导致链路上传输的一个或者多个帧被破坏(出现比特差错,0 变为 1,或者 1 变为 0),从而使接收方接收到错误的数据。为尽量提高接收方收到的数据的正确率,在接收方接收数据之前需要对数据进行差错检测,当且仅当检测结果正确时接收方才真正收下数据。

在一个 p 位二进制数据序列之后附加一个 r 位二进制校验码,构成一个总长为 p+r 的二进制序列。附加在数据序列之后的这个 r 位校验码与 p 位二进制序列之间存在一个特定的关系。如果因干扰等原因使得数据序列中的一些位发生错误,这种特定的关系就会被破坏。因此,可以通过检查该关系实现对接收数据的正确性检验。根据校验码与 p 位二进制序列之间的关系,可以将校验方式分为奇偶校验、累加和校验、CRC 校验。

1. 奇偶校验

1) 定义

奇偶校验:每个字节的校验码与该字节(包括校验码)中 1 的个数对应。奇偶校验多用于低速数据通信,如 RS232。

2) 校验方法

若原数据序列为 1000110,则采用的奇校验为 10001100,偶校验为 10001101。

2. 累加和校验

1) 定义

累加和校验:每个数据包的校验码为该数据包中所有数据忽略进位的累加和。

2) 校验方法

发送方:把要发送的数据累加,得到一个数据和,对数据和求反,即得到校验值。然后把要发送的数据和校验值一起发送给接收方。

接收方:对接收的数据(包括校验值)进行累加,然后加 1,如果得到 0,那么说明数据没有出现传输错误。此处发送方和接收方用于保存累加结果的类型一定要一致,否则加 1 就无法实现溢出,从而无法得到 0,校验就会无效。

3) 示例

发送方:

要发送的数据:0xA8、0x50。

unsigned char(8 位)累加和:0xF8(0b11111000)。

取反:0x07(0b00000111)。

实际发送:(0xA8,0x50,0x07)。

接收方:

三个数据的累加和:(0b11111111),

加 1,得到的结果:0(相加为 0b100000000,unsigned char(8 位)截取最高位后为 0b00000000)。

校验结果:数据接收正确。

3. CRC 校验

1) 定义

CRC校检：每个二进制序列的校验码为该序列与所选择的 G (x)多项式模 2 除法的余数。

帧检测序列(Frame Check Sequence，FCS)：为进行差错检验而添加的冗余码。

多项式模 2 除法：不考虑进位、错位的二进制加减法。

生成多项式：当进行 CRC 检验时，发送方和接收方事先约定一个除数，即生成多项式 G(x)。每个生成多项式与一个二进制序列对应，如 CRC-8 ($X^8 + X^2 + X + 1$)对应的二进制序列为 100000111。

常用的 CRC 生成多项式如表 2-2 所示。

表 2-2　常用的 CRC 生成多项式表

名　称	多　项　式	应　用　举　例
CRC-8	$X^8 + X^2 + X + 1$	
CRC-12	$X^{12} + X^{11} + X^3 + X^2 + X + 1$	telecom systems
CRC-16	$X^{16} + X^{15} + X^2 + 1$	Bisync, Modbus, USB, ANSI X3.28, SIA DC-07, many others; also known as CRC-16 and CRC-16-ANSI
CRC-CCITT	$X^{16} + X^{12} + X^5 + 1$	ISO HDLC, ITU X.25, V.34/V.41/ V.42, PPP-FCS
CRC-32	$X^{32} + X^{26} + X^{23} + X^{22} + X^{16} + X^{12} + X^{11} + X^{10} + X^8 + X^7 + X^5 + X^4 + X^2 + X + 1$	ZIP, RAR, IEEE 802 LAN/FDDI, IEEE 1394, PPP-FCS
CRC-32C	$X^{32} + X^{28} + X^{27} + X^{26} + X^{25} + X^{23} + X^{22} + X^{20} + X^{19} + X^{18} + X^{14} + X^{13} + X^{11} + X^{10} + X^9 + X^8 + X^6 + 1$	iSCSI, SCTP, G.hn payload, SSE4.2, Btrfs, ext4, Ceph

2) 示例

发送方：设需要发送的信息为 M = 1010001101。

生成多项式 G($X^5 + X^4 + X^2 + 1$)对应的代码为 P = 110101。

在 M 后加 5 个 0，为 101000110100000。

用上述数据对 P 做模 2 除法运算，得余数 R，对应代码为 01110，如图 2-4 所示。

实际需要发送的数据是 101000110101110。

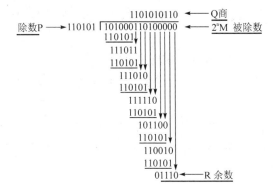

图 2-4　模 2 除法运算

接收方：当收到数据后，用收到的数据对 P(事先约定的)进行模 2 除法。

若余数为 0，则认为数据传输无差错。

若余数不为 0，则认为数据传输出现错误，由于不知道错误发生在什么地方，因而不能进行自动纠正，一般的做法是丢弃接收的数据。

2.1.3　PPP 的工作流程

广域网中经常会使用串行链路来提供远距离的数据传输，主要有两种典型的串口封装协议。

1. 高级数据链路控制

高级数据链路控制(High-level Data Link Control，HDLC)是一种面向比特的链路层协议，如图 2-5 所示。

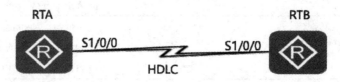

图 2-5　HDLC 协议

2. 点对点协议

点对点协议(Point to Point Protocol，PPP)是一种点到点链路层协议，主要用于在全双工的同、异步链路上进行点到点的数据传输，如图 2-6 所示。

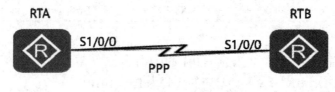

图 2-6　PPP

PPP 具有以下优点：

(1) 既支持同步传输又支持异步传输。

(2) 协议具有良好的扩展性，当需要在以太网链路上承载协议时，PPP 可以扩展为 PPPoE。

(3) 提供了 LCP，用于各种链路层参数的协商。

(4) 提供了各种 NCP(如 IPCP、IPXCP)，用于各网络层参数的协商，更好地支持了网络层协议。

(5) 提供了认证协议 CHAP 和 PAP，可以更好地保证了网络的安全性。

(6) 无重传机制，网络开销小，速度快。

LCP 报文类型如表 2-3 所示。

表 2-3　LCP 报文类型表

报 文 类 型	作　用
Configure-Request	包含发送者试图与对端建立连接时使用的参数列表
Configure-Ack	表示完全接受对端发送的 Configure-Request 的参数取值
Configure-Nak	表示对端发送的 Configure-Request 中的某些参数取值在本端不被认可
Configure-Reject	表示对端发送的 Configure-Request 中的某些参数本端不能识别

LCP 协商参数如表 2-4 所示。

表 2-4　LCP 协商参数表

参　数	作　用	缺省值
最大接收单元 MRU	PPP 数据帧中 Information 字段和 Padding 字段的总长度	1500 字节
认证协议	认证对端使用的认证协议	不认证
魔术字	魔术字为一个随机产生的数字，用于检测链路环路，如果收到的 LCP 报文中的魔术字和本端产生的魔术字相同，则认为链路有环路	启用

LCP 参数协商过程如图 2-7、图 2-8 和图 2-9 所示。

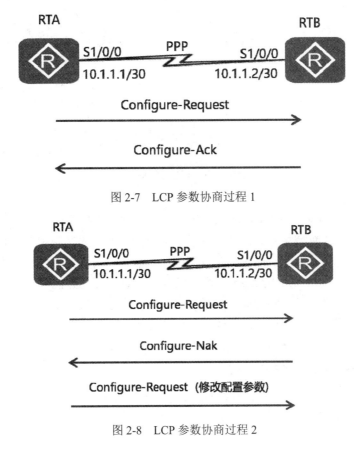

图 2-7　LCP 参数协商过程 1

图 2-8　LCP 参数协商过程 2

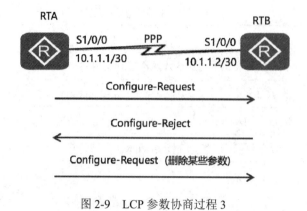

图 2-9   LCP 参数协商过程 3

2.1.4　PPP 的帧结构

PPP 的帧结构包括首部、数据部分、尾部三个部分，如图 2-10 所示。

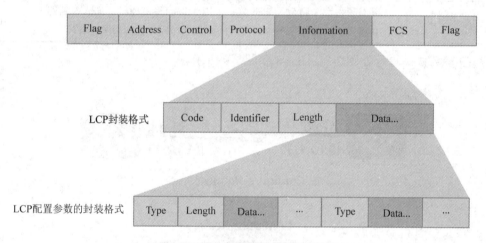

图 2-10   PPP 的帧结构

1. 首部

(1) Flag 域：标识一个物理帧的起始和结束，用于截断帧，该字节为二进制序列 01111110(0x7E)，连续两帧之间只需要用一个标志字段。如果连续出现两个标志字段，就表示这是一个空帧，应当丢弃。

(2) Address 域：PPP 帧的地址域字节，固定为 11111111 (0xFF)，暂无意义。

(3) Control 域：默认为 00000011(0x03)，表明为无序号帧。

(4) Protocol 字段用来说明 PPP 所封装的协议报文类型，典型的字段值有：0xC021 代表 LCP 报文，0xC023 代表 PAP 报文，0xC223 代表 CHAP 报文。

2. 数据部分：(不超过 1500 字节)

(1) Information 字段包含协议字段中指定协议的数据包。

(2) Code 字段：主要是用来标识 LCP 数据报文的类型。典型的报文类型有：

① 配置信息报文(Configure Packets: 0x01)；

② 配置成功信息报文(Configure-Ack: 0x02)；

③ 终止请求报文(Terminate-Request：0x05)。

(3) Identifier 域：1 个字节，用来匹配请求和响应。

(4) Length 域：就是该 LCP 报文的总字节数据。

(5) Data 域：承载各种 TLV(Type/Length/Value)参数用于协商配置选项，包括最大接收单元，认证协议等等。

3. 尾部

(1) 帧校验序列(FCS)是个 16 位的校验和，用于检查 PPP 帧的完整性。

(2) Flag 域：标识一个物理帧的起始和结束，用于截断帧，该字节为二进制序列 01111110(0x7E)，连续两帧之间只需要用一个标志字段。如果连续出现两个标志字段，就表示这是一个空帧，应当丢弃。

2.2　项目设计与准备

1. 项目设计

熟悉并掌握 PPP 的建立过程，掌握 PAP 认证和 CHAP 认证的区别，其网络拓扑结构如图 2-11 所示。

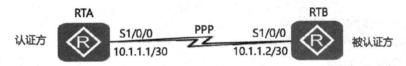

图 2-11　网络拓扑结构

2. 项目准备

网络拓扑结构中涉及的设备的 IP 地址规划如表 2-5 所示。

表 2-5　IP 地址规划表

序　号	设备名称	接　口	IP 地址
1	RTA	S1/0/0/	10.1.1.1/30
2	RTB	S1/0/0	10.1.1.2/30

2.3　项目实施

任务 2-1　PAP 认证

本任务要完成 PAP 认证，具体程序如下：

RTA：

\<RTA>sys

[RTA]aaa

[RTA-aaa]local-user admin password cipher 123456

[RTA-aaa]local-user admin service-type ppp

[RTA]interface Serial 1/0/0

[RTA-Serial1/0/0]link-protocol ppp

[RTA-Serial1/0/0]ppp authentication-mode pap

[RTA-Serial1/0/0]ip address 10.1.1.1 30

[RTA-Serial1/0/0]quit

[RTA]quit

<RTA>terminal   monitor

<RTA>terminal   debugging

RTB：

<RTB>sys

[RTB]interface Serial 1/0/0

[RTB-Serial1/0/0]link-protocol ppp

[RTB-Serial1/0/0]ppp pap local-user admin password cipher 123456

[RTB-Serial1/0/0]ip address 10.1.1.2 30

完成上述配置后，在 RTA 上执行<RTA>debugging ppp pap all 可以看到以下 PAP 认证创建过程。

<RTA>debugging ppp pap all

Mar 20 2022 04:50:24.280.4+00:00 RTB PPP/7/debug2:

    PPP State Change:

        Serial1/0/0 PAP : Initial --> SendRequest

Mar 20 2022 04:50:24.290.3+00:00 RTB PPP/7/debug2:

    PPP State Change:

        Serial1/0/0 PAP : SendRequest --> ClientSuccess

…

在 Wireshark 中捕获的 LCP Configuration Request 帧结构如图 2-12 所示。

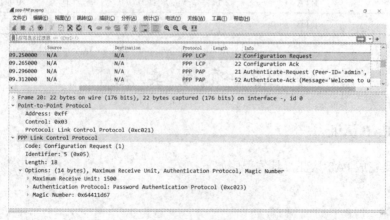

图 2-12   LCP Configuration Request 帧结构

在 Wireshark 中捕获的 LCP Configuration Ack 帧结构如图 2-13 所示。

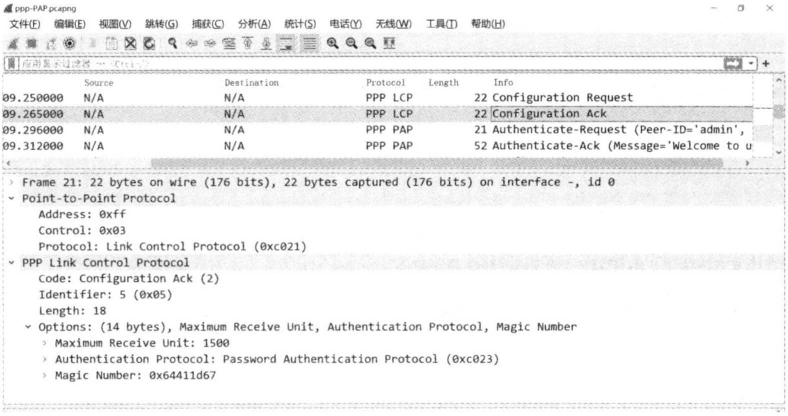

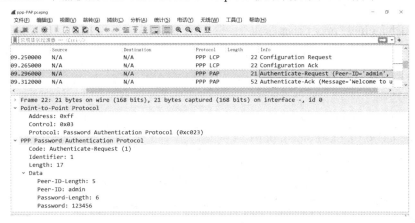

图 2-13　LCP Configuration Ack 帧结构

在 Wireshark 中捕获的 PAP Authenticate-Request 帧结构如图 2-14 所示。

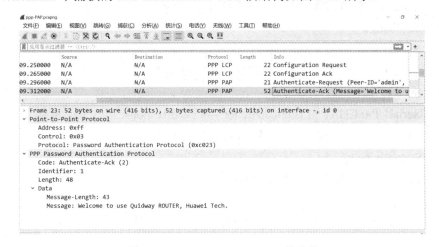

图 2-14　PAP Authenticate-Request 帧结构

在 Wireshark 中捕获的 PAP Authenticate-Ack 帧结构如图 2-15 所示。

图 2-15　PAP Authenticate-Ack 帧结构

任务 2-2   CHAP 认证

本任务要完成 CHAP 认证，具体程序如下：

RTA：

\<RTA\>sys

[RTA]aaa

[RTA-aaa]local-user admin password cipher 123456

[RTA-aaa]local-user admin service-type ppp

[RTA]interface Serial 1/0/0

[RTA-Serial1/0/0]link-protocol ppp

[RTA-Serial1/0/0]ppp authentication-mode chap

\<RTA\>terminal   monitor

\<RTA\>terminal   debugging

\<RTA\>debugging   ppp   chap   all

RTB：

\<RTB\>sys

[RTB]interface Serial 1/0/0

[RTB-Serial1/0/0]link-protocol ppp

[RTB-Serial1/0/0]ppp chap user admin

[RTB-Serial1/0/0]ppp chap password cipher 123456

完成上述配置后，在 RTA 上执行\<RTA\>debugging ppp chap all 可以看到以下 CHAP 认证创建过程：

\<RTA\>debugging ppp chap all

Mar 20 2022 05:15:54.230.1+00:00 RTB PPP/7/debug2:

PPP State Change:

Serial1/0/0 CHAP : Initial --\> ListenChallenge

Mar 20 2022 05:15:54.230.7+00:00 RTB PPP/7/debug2:

PPP State Change:

Serial1/0/0 CHAP : ListenChallenge --\> SendResponse

Mar 20 2022 05:15:54.250.3+00:00 RTB PPP/7/debug2:

PPP State Change:

Serial1/0/0 CHAP : SendResponse --\> ClientSuccess

……

在 Wireshark 中捕获的 LCP Configuration-Request 帧结构如图 2-16 所示。

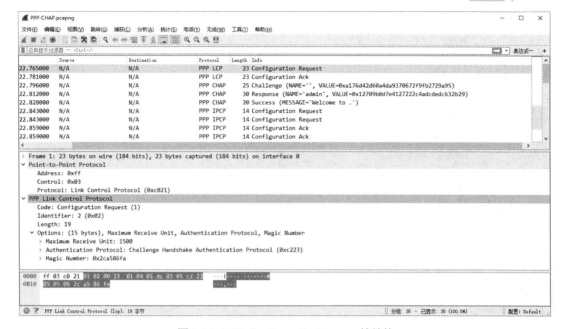

图 2-16　LCP Configuration-Request 帧结构

在 Wireshark 中捕获的 CHAP Challenge 帧结构如图 2-17 所示。

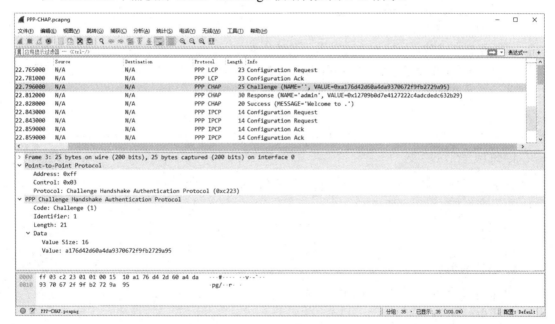

图 2-17　CHAP Challenge 帧结构

在 Wireshark 中捕获的 IPCP Challenge Request 帧结构如图 2-18 所示。

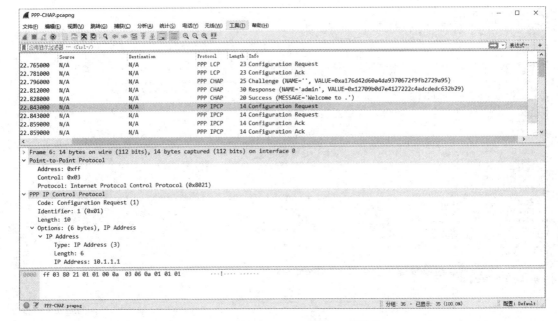

图 2-18　IPCP Challenge Request 帧结构

任务 2-3　以太帧的构造与发送

本任务要完成以太帧的构造与发送，具体步骤如下：

Scapy 是一个用来解析底层网络数据包的 Python 模块和交互式程序，该程序对底层包处理进行了抽象打包，使得对网络数据包的处理非常简便。该类库可以在网络安全领域有非常广泛的用例，可用于漏洞利用开发、数据泄露、网络监听、入侵检测和流量的分析捕获等。Scapy 与数据可视化和报告生成软件集成，可以方便展示其结果和数据。

1. 堆栈层

/运算符用作两层之间的合成运算符。这样做时，下层可以根据上层重载一个或多个默认字段，字符串可以用作原始层。

```
>>>IP()
<IP |>
>>>IP()/TCP()
<IP frag=0 proto=TCP |<TCP |>>
>>>Ether()/IP()/TCP()
<Ether type=0x800 |<IP frag=0 proto=TCP |<TCP |>>>
>>>IP()/TCP()/"GET / HTTP/1.0\r\n\r\n"
<IP frag=0 proto=TCP |<TCP |<Raw load='GET / HTTP/1.0\r\n\r\n' |>>>
>>>Ether()/IP()/IP()/UDP()
<Ether type=0x800 |<IP frag=0 proto=IP |<IP frag=0 proto=UDP |<UDP |>>>>
>>>IP(proto=55)/TCP()
```

<IP frag=0 proto=55 |<TCP |>>

2. 发送数据包

send()函数将在第 3 层发送数据包。也就是说，它将为您处理路由和第 2 层。sendp()
函数将在第 2 层工作，这取决于您选择正确的接口和正确的链路层协议。如果 send()和
sendp()函数中参数 return_packets 为 true，则也将返回 send packet 列表。

```
>>>send(IP(dst="1.2.3.4")/ICMP())
.
Sent 1 packets.
>>>sendp(Ether()/IP(dst="1.2.3.4",ttl=(1,4)), iface="eth1")
...
Sent 4 packets.
>>>sendp("I'm travelling on Ethernet", iface="eth1", loop=1, inter=0.2)
................^C
Sent 16 packets.
>>>sendp(rdpcap("/tmp/pcapfile")) # tcpreplay
...........
Sent 11 packets.


Returns packets sent by send()
>>>send(IP(dst='127.0.0.1'), return_packets=True)
.
Sent 1 packets.
<PacketList: TCP:0 UDP:0 ICMP:0 Other:1>
```

3.以太帧的构造与发送

```
# encoding: utf-8
from scapy.all import *
import time
spiface=conf.route.route("192.168.88.128")[0]
eth = Ether(type=0x9000)
packet = eth
while True:
    sendp(packet, iface=spiface)
    print('Sending Ethernet......')
    time.sleep(2)
```

代码运行结果如图 2-19 所示。

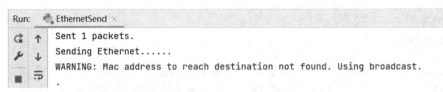

图 2-19　代码运行结果

小　　结

以太网帧中包含一个 Type 字段，表示帧中的数据应该发送到上层由哪个协议处理。比如，IP 对应的 Type 值为 0x0800，ARP 对应的 Type 值为 0x0806。

主机检查帧头中的目的 MAC 地址，如果目的 MAC 地址不是本机 MAC 地址，也不是本机侦听的组播或广播 MAC 地址，则丢弃收到的帧；如果目的 MAC 地址是本机 MAC 地址则接收该帧，检查帧校验序列(FCS)字段，与本机计算的值对比来确定帧在传输过程中是否保持了完整性；如果检查通过，就会剥离帧头和帧尾，然后根据帧头中的 Type 字段来决定把数据发送到哪个上层协议进行后续处理。

因为外界总会对电路存在或多或少的干扰，传输的数据可能会导致一些差错。尤其是某些关键数据的改变，可能会影响硬件设备的状态(例如嵌入式的一些设备、机器人等)，错误的数据也可能会带来一定的安全隐患。

如果使用 PPP 作为链路层封装协议，需要建立 PPP 链路的两端设备都必须发送 Configure-Request 报文，当每个设备均已收到对端发来的 Configure-Ack 报文后，就表示链路的建立过程已成功完成。CHAP 认证协议为三次握手认证协议，需要交互三次报文来认证对方身份。

练　习　题

1. 传统以太网帧最长为(　　)字节。
A. 1522　　　　　　B. 1518　　　　　　　C. 1500　　　　　　　　D. 1482
2. 二进制位的编码解码、位同步等属于(　　)功能。
A. 物理层　　　　B. 数据链路层　　　　C. 网络层　　　　　　D. 传输层
3. 建立 PPP 连接以后，发送方就发出一个提问消息(Challenge Message)，接收方根据提问消息计算一个散列值，(　　)采用这种方式进行用户认证。
A. ARP　　　　　　B. CHAP　　　　　　C. PAP　　　　　　　　D. PPTP
4. 下列哪项不是 PPP 的 LCP 选项(　　)。
A. 认证　　　　　　B. 自动呼叫　　　　C. 回拨　　　　　　　　D. 压缩
5. PPP 是用于拨号上网和路由器之间通信的点到点通信协议，是属于(　　)协议。
A. 物理层　　　　B. 传输层　　　　　　C. 数据链路层　　　　D. 网络层

项目 3 网络层协议 ARP

3.1 项目知识准备

尽管我们使用 IP 地址作为设备的逻辑地址来识别设备,并使用 IP 地址进行路由选择,但实际上在广泛使用的以太网中进行数据帧投递,是以固化在硬件设备上的 MAC(Media Access Control)地址作为目标地址的,这个地址就是以太网网络接口的物理地址。ARP 就是将三层的 IP 地址与二层的 MAC 地址建立映射关系的协议,如图 3-1 所示。

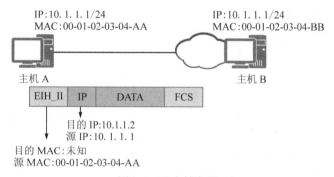

图 3-1 以太帧发送

IP 地址是一个用户可以配置的地址,也称为可管理地址、逻辑地址。它是一个 32 位的二进制数(使用点分十进制数表达),该地址和一个 32 位子网掩码通过与运算将地址分为网络号和主机号两个部分。MAC 地址是一个固化在硬件设备上的地址,也称为不可管理地址、物理地址,是一个 48 位的二进制数(使用 12 个十六进制数表达)。要将一个逻辑地址和一个物理地址建立映射关系,需要解决以下三个主要问题:

(1) 通过什么通信机制去查找目标 IP 地址对应的 MAC 地址,是轮询还是广播;

(2) 建立的映射关系如何存储,是集中式存储还是分布式存储;

(3) 如何尽量避免查找过程,减少网络带宽的消耗。

ARP 的全称是地址解析协议(Address Resolution Protocol),位于网络层,是将 IP 地址映射到以太网物理地址的一种映射方法,该方法充分利用了以太网强大的广播能力。

以太网节点在传送数据帧时,将本节点的 48 位二进制 MAC 地址作为帧的源地址放入帧中,将目标节点的 48 位二进制 MAC 地址作为帧的目标地址放入帧中。在共享式以太网中,除发送节点以外的所有节点都会收到这个数据帧,收到该数据帧的节点通过查看帧中封装的目标 MAC 地址来决定这个数据帧是否发给本节点的;在交换式以太网中,交换机在完成地址学习以后,只会将物理地址为以太网广播地址(FF-FF-FF-FF-FF-FF)或与交换机端口匹配的目标物理地址转发到相应的端口;路由器不会转发目标地址是以太网广播地址的帧。

在互联网中，IP 地址能够屏蔽各个物理网络地址的差异，为上层用户提供统一的地址形式，这种统一是通过在物理地址上覆盖一层 IP 软件实现的，互联网并不对物理地址做任何修改。高层软件通过 IP 地址来指定源地址和目的地址，而低层的物理网络则通过物理地址发送和接收信息。

3.1.1   ARP 的工作流程

在目标节点的 IP 地址和目标节点的 MAC 没有建立映射关系之前，发送节点只知道本节点的 IP 地址和 MAC 地址以及目标节点的 IP 地址。MAC 地址有一个特殊的广播地址(FF-FF-FF-FF-FF-FF)，即目标 MAC 地址的 48 位二进制数全为 1 的时候，以太网上的所有节点都可以收到这个数据帧。ARP 请求(ARP Request)就是利用这个以太网广播地址对所有以太网节点进行"询问"的。

以太网上的节点在收到 ARP 请求后，针对请求中包含的目标 IP 地址进行比对，如果 ARP 请求"询问"的目标 IP 地址是接收节点的 IP 地址，则接收节点将把本节点的 IP 地址和 MAC 地址的映射关系生成 ARP 响应(ARP Reply)传输给发送 ARP 请求的节点。

节点在收到 ARP 响应后，将解析出的 IP 地址和 MAC 地址的映射关系放入 ARP 缓存(ARP Cache)，这样下次再向该 IP 地址发送数据的时候就可以避免再次发送广播进行 ARP 请求。

ARP 解析有效地利用了以太网的广播机制和以太网广播地址进行请求的发送，这种广播基于以太网的广播地址，而不是 CSMA/CD 中的"侦听"，这一点决定了 ARP 解析不仅在共享式以太网中可以成功实现，而且在交换式以太网中也可以成功实现。同时使用 ARP 缓存对成功解析到的 IP 地址和 MAC 地址的映射关系进行存储，有效地避免了向同一个目标节点发送数据时再次进行解析的问题。ARP 缓存中的过期时间(一般是 15~20 min)能有效地解决数据老化的问题，也使 ARP 缓存中的 IP 地址和 MAC 地址的映射表不会十分庞大。

由于 ARP 请求的数据链路层目标地址是以太网广播地址，因此，以太网中的所有主机都会收到源主机的 IP 地址与 MAC 地址的映射关系。也就是说，以太网上的所有主机都可以将发送 ARP 请求的主机 IP 地址和 MAC 地址的映射关系存入各自的 ARP 缓存中。利用这种 ARP 改进技术，以太网上的主机下次再与发送 ARP 请求的主机进行通信时，就不必再进行 ARP 请求了，只需要查找本机的 ARP 缓存就可以成功解析。

在以太网环境中，主机 A 需要得到主机 B 的 IP 地址和 MAC 地址的映射关系才能进行数据通信，主机 A 将在以太网环境中完成整个 ARP 地址解析过程，如图 3-2 所示。

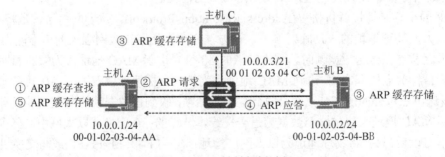

图 3-2   ARP 地址解析过程

(1) 在以太网环境下,主机 A 要与主机 B 进行通信,不仅要知道主机 B 的 IP 地址,还要知道主机 B 的 MAC 地址。主机 A 查找本机 ARP 缓存中的 IP 地址和 MAC 地址的映射表,寻找是否有主机 B 的 IP 地址和 MAC 地址的映射关系。如果有则直接与主机 B 进行通信;如果没有则执行 ARP 请求。主机 A 不知道主机 B 的 IP 地址和 MAC 地址的映射关系,所以必须构造 ARP 请求。

(2) 主机 A 构造针对主机 B 的 ARP 请求,并在以太网上进行发送。该请求的源 IP 地址为主机 A 的 IP 地址,源 MAC 地址为主机 A 的 MAC 地址,目标 IP 地址为主机 B 的 IP 地址,目标 MAC 地址为以太网广播地址(FF-FF-FF-FF-FF-FF)。

(3) 主机 B 和主机 C 都收到了 ARP 请求,ARP 请求中含有主机 A 的 IP 地址和 MAC 地址的映射关系,主机 B 和主机 C 将主机 A 的 IP 地址和 MAC 地址的映射关系存入各自的 ARP 缓存。这样下次主机 B 和主机 C 再与主机 A 进行通信的时候只要查找 ARP 缓存就可以取出主机 A 的 IP 地址和 MAC 地址的映射关系。

(4) ARP 请求中的目标地址是主机 B,主机 B 会构造 ARP 应答返回给主机 A。

(5) 主机 A 收到 ARP 应答后,将主机 B 的 IP 地址和 MAC 地址的映射关系存储进 ARP 缓存,然后与主机 B 进行需要执行的通信过程。

ARP 解析过程通过收到请求就存入 ARP 缓存以及发送前就查找 ARP 缓存的方法,有效地减少了以太网中广播数据帧的数量,节约了有限的带宽。但是 ARP 请求会存入 ARP 缓存的特性使 ARP 在具体实现过程中遇到了巨大的安全隐患。

3.1.2　ARP 数据包的结构

ARP 数据包的结构如图 3-3 所示。

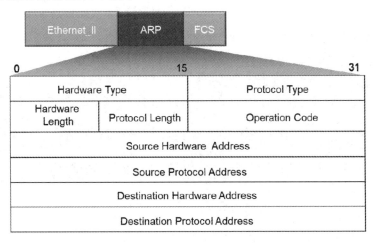

图 3-3　ARP 数据包结构

(1) Hardware Type:表示硬件地址类型,一般为以太网,值为 0x0001。

(2) Protocol Type:表示三层协议地址类型,一般为 IPv4,值为 0x0800。

(3) Hardware Length:MAC 地址的长度,单位是字节,值为 0x06。

(4) Protocol Length:IP 地址的长度,单位是字节,值为 0x04。

(5) Operation Code:ARP 报文的类型,ARP Request(值为 0x0001)或 ARP Reply(值为

0x0002)。

(6) Source Hardware　Address：发送 ARP 报文的设备的 MAC 地址。

(7) Source Protocol Address：发送 ARP 报文的设备的 IP 地址。

(8) Destination Hardware Address：接收者的 MAC 地址。在 ARP Request 报文中，该字段值为 0。

(9) Destination Protocol Address：接收者的 IP 地址。

使用 Wireshark 抓取的 ARP Request 数据包如图 3-4 所示。

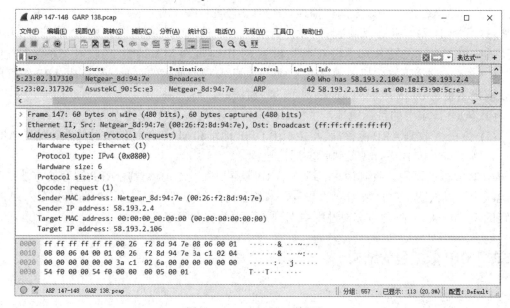

图 3-4　ARP Request 数据包

使用 Wireshark 抓取的 ARP Reply 数据包如图 3-5 所示。

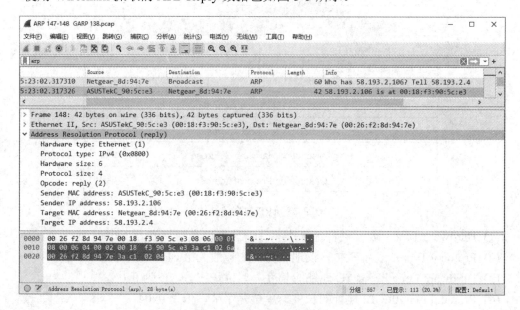

图 3-5　ARP Reply 数据包

3.2　项目设计与准备

1. 项目设计

熟悉并掌握 ARP 数据包的结构，掌握 ARP 攻击及防御的方法，其网络拓扑结构图如图 3-6 所示。

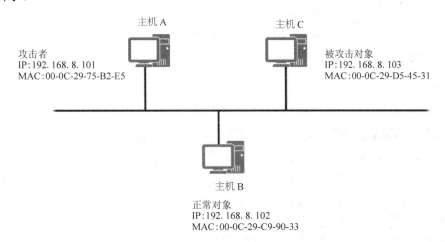

图 3-6　网络拓扑结构图

2. 项目准备

网络拓扑结构中涉及的设备的 IP 地址规划如表 3-1 所示。

表 3-1　IP 地址规划表

序　号	设备名称	IP 地址	MAC 地址
1	主机 A	192.168.8.101/24	00-0C-29-75-B2-E5
2	主机 B	192.168.8.102/24	00-0C-29-C9-90-33
3	主机 C	192.168.8.103/24	00-0C-29-D5-45-31

3.3　项　目　实　施

任务 3-1　ARP 数据包的捕获

本任务要完成 ARP 数据包的捕获，具体步骤如下：

(1) 依据网络拓扑图在各设备上配置相应的 IP 地址，在命令提示符中使用 ping 命令测试主机 A、主机 B 和主机 C 之间的连通性，确保主机 A、主机 B 和主机 C 相互都能 ping 通，如图 3-7 和图 3-8 所示。

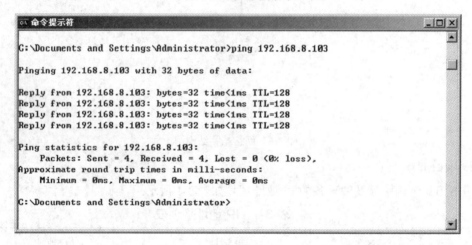

图 3-7　网络连通测试 1

图 3-8　网络连通测试 2

(2) 在主机 A、主机 B 和主机 C 的命令行中输入"arp -a"命令,用于显示 ARP 的缓存项,输入"arp -d 命令,用于清除 ARP 缓存,再输入"arp -a"命令,查看 ARP 缓存是否清除成功,如图 3-9 所示。

图 3-9　清除 ARP 缓存

(3) 在主机 A 上开启 CommView 进行数据捕获,在主机 C 的命令行中输入"ping 192.168.8.102"命令,在 CommView 捕获的数据包中查找协议为"ARP/REQ"的数据包,通过 IP 地址确认为主机 C 发送的 ARP 广播包,如图 3-10 所示。

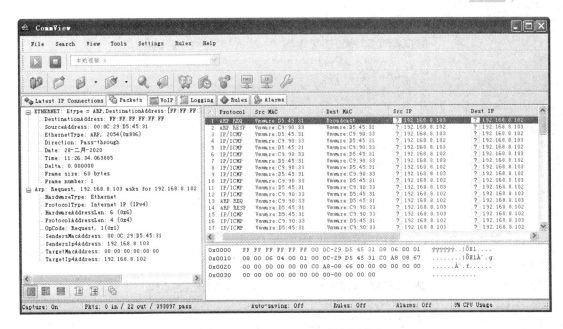

图 3-10 ARP Request 数据包捕获

任务 3-2 ARP 数据包的篡改

本任务要完成 ARP 数据包的篡改，具体步骤如下：

(1) 选中上述数据包，将发送者"SendersMacAddress"改为不存在的"00-0C-29- FF-FF-FF"，如图 3-11 所示。

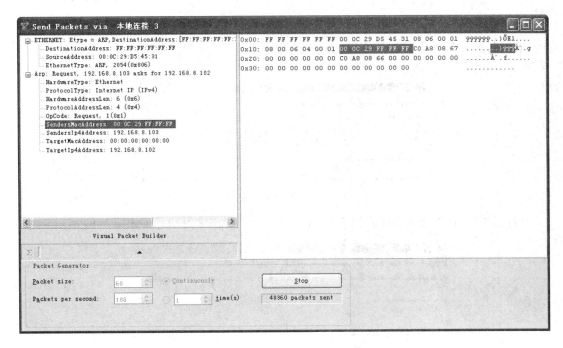

图 3-11 篡改 ARP Request 数据包

(2) 用主机 B 对主机 C 进行 ping 测试，发现无法 ping 通，如图 3-12 所示。

图 3-12　网络连通测试

(3) 在主机 B 上查看 ARP 缓存，其中主机 C 对应的 MAC 地址是错误的，如图 3-13 所示。

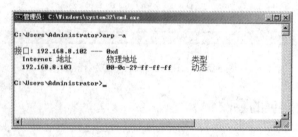

图 3-13　查看 ARP 缓存

任务 3-3　ARP 攻击的防护

本任务要完成 ARP 攻击的防护，具体步骤如下：

(1) 在主机 B 上使用 "netsh i i show in" 命令查看 "物理网卡" 的 "Idx" 号，如图 3-14 所示。

图 3-14　查看网卡 Idx 号

(2) 在主机 B 上添加关于主机 C 的 IP 与 MAC 的静态映射信息，如图 3-15 所示。

图 3-15　IP 与 MAC 绑定

(3) 在主机 B 上查看 ARP 缓存，如图 3-16 所示。

图 3-16　查看 ARP 缓存

(4) 用主机 B 对主机 C 进行 ping 测试，可以 ping 通，如图 3-17 所示。

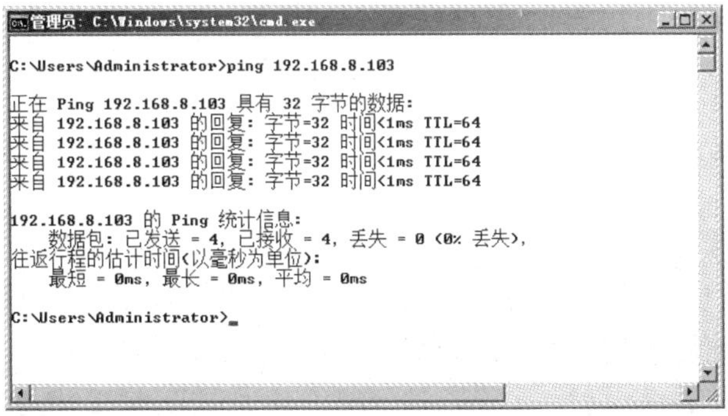

图 3-17　网络连通测试

任务 3-4　ARP 数据包的构造与发送

本任务要完成 ARP 数据包的构造和发送，具体程序如下：

```
# encoding: utf-8
from scapy.all import *
import time
spiface=conf.route.route("192.168.88.102")[0]
eth = Ether()
eth.dst = 'ff:ff:ff:ff:ff:ff'
eth.type = 0x0806
arp = ARP()
arp.psrc = '192.168.88.103'
arp.pdst = '192.168.88.107'
arp.op=1
arp.hwsrc='00:0C:29:EE:EE:EE'
packet = eth/arp
while True:
    sendp(packet, iface=spiface, verbose=False)
    print('Sending ARP spoof......')
```

```
time.sleep(2)
```
代码运行结果如图 3-18 所示。

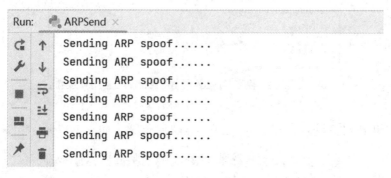

图 3-18 代码运行结果

小　结

　　源设备在发送数据给目的设备前会首先查看自身的 ARP 缓存，查找 ARP 缓存中是否存在目的设备的 IP 地址和 MAC 地址的映射。如果存在，则直接使用；如果不存在，则会发送 ARP Request。当网络上的一个设备被分配了 IP 地址或者 IP 地址发生变更时，可以通过免费 ARP 来检查 IP 地址是否冲突。

　　在以太网中，一个主机要和另一个主机进行通信，必须知道目标主机的 MAC 地址。但由于 ARP 没有认证机制，因此需要通过构造虚假 ARP 数据包以达到阻断通信的目的。

练　习　题

1. ARP 请求帧在物理网络中是以(　　)方式发送的。

A. 组播　　　　B. 广播　　　　　　C. 单播　　　　　　　　D. 以上皆可

2. ARP 应答帧是以(　　)方式发送的。

A. 组播　　　　B. 广播　　　　　　C. 单播　　　　　　　　D. 以上皆可

3. ARP 命令的格式中(　　)表示删除由 inet_addr 所指定的表项。

A. arp　　　　　B. arp -a　　　　　C. arp -d inet_addr　　　D. arp -s inet_addr phys_addr

4. ARP 命令的格式中(　　)表示显示地址映射表项。

A. arp　　　　　B. arp -a　　　　　C. arp -d inet_addr　　　D. arp -s inet_addr phys_addr

5. 封装 ARP 报文时帧类型为(　　)。

A. 0x0800　　B. 0x0806　　　　　C. 0x8035　　　　　　　D. 0x8100

项目 4 网络层协议 IP

4.1 项目知识准备

IP 协议控制传输的协议单元称为 IP 数据包。IP 协议屏蔽了下层各种物理子网的差异，能够向上层提供统一格式的 IP 数据包。IP 数据包采用数据包分组传输的方式，提供的服务是无连接方式。

4.1.1 IP 数据包的结构

IP 数据包的格式能够说明 IP 协议具有什么功能。IP 数据包由包头和数据两部分组成，其中，数据是上层需要传输的，包头是为了正确传输上层数据而增加的控制信息。包头的前一部分长度固定共 20 字节，是所有 IP 数据包必须具有的。在首部固定部分的后面是可选字段，长度可变，IP 数据包结构如图 4-1 所示。

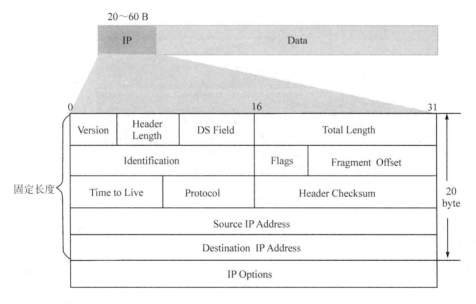

图 4-1 IP 数据包结构

(1) Version：版本号，指 IP 模块使用的 IP 协议的版本，字段长度是 4 bit。目前 IP 协议有 IPv4 和 IPv6 两种版本，IPv4 的 VER 值为 4，IPv6 的 VER 值为 6。

(2) Header Length：IP 报头长度，是 IP 报头的长度，该字段长度是 4 bit，以 4 个字节为计算单位。

(3) DS Field：服务类型，早期用来表示业务类型，现在用于支持 QoS 中的差分服务模型，实现网络流量优化。

(4) Total Length：数据报总长度，包括报头和数据部分，以字节为计算单位。该字段的长度是 16 bit，所以最大值是 $2^{16}-1$，即 65 535 个字节。

(5) Identification：数据报标识，是由源主机指定的数据报标识码，用于将分割后的小数据报重组成原始数据报，该字段的长度是 16 bit，因此可以标识 65 535 个不同的数据报。

(6) Flags：标志，即分割控制标志，长度为 3 bit。

(7) Fragment Offset：分割偏移，表示分割后的数据报在原始数据报中的位置，以 8 个字节为计算单位，第一个数据报的偏移值为 0。

(8) Time to Live：存活时间，表示数据报在 IP 网络中能够存在的最长时间，字段长度是 8 bit，TTL 的最大值为 2^8-1(即 255 s)，TTL 每经过一个路由器减 1，如图 4-2 所示。

主机A   主机B

TTL=255   TTL=254   TTL=253

图 4-2   TTL 值变化情况

(9) Protocol：协议，表示 IP 协议的上层协议类型，字段长度为 8 bit。每种上层协议都有对应的 Protocol 值，常见的 Protocol 值如图 4-3 所示。

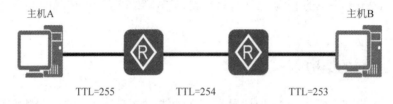

IP	Protocol	Data
6	TCP	
17	UDP	
1	ICMP	
2	IGMP	

图 4-3   常见的 Protocol 值

(10) Header Checksum：报头校验和，报头校验和字段长度为 16 bit，用于数据报传输过程中的错误检测。

计算方法：

① 将 IP 数据包的校验和字段置为 0。

② 将首部看成以 16 位为单位的数字，依次进行二进制求和(求和时应将最高位的进位保存，所以加法应采用 32 位加法)。

③ 将上述加法过程中产生的进位(最高位的进位)加到低 16 位。

④ 将上述的和取反，即得到校验和。

例如：IP 首部为：45 00 00 34 cd 44 40 00 40 06 00 00 3a c1 02 6a 75 5f ae 2f。

a.0x4500 + 0x0034 + 0xcd44 + 0x4000 + 0x4006 + 0x0000 + 0x3ac1 + 0x026a + 0x755f +

0xae2f = 0x2f337。

　　b. 0x0002 + 0xf337 = 0xf339。

　　c. 0xffff - 0xf339 = 0x0cc6。

　　校验和为 0x0cc6，如图 4-4 所示。

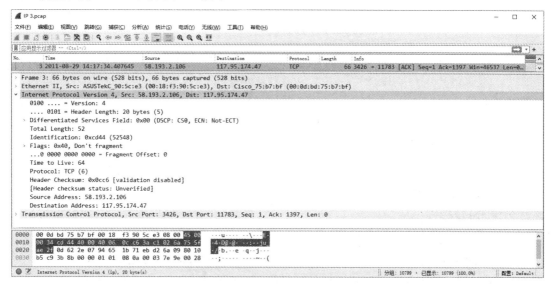

图 4-4　IP 数据包 checksum

　　(11) Source Address：源地址，字段长度为 32 bit，表示发送数据报的主机的 IP 地址。

　　(12) Destination Address：目的地址，字段长度为 32 bit，表示接收数据报的目的主机的 IP 地址。

　　(13) Option：选项，IP 选项不是必需的，但是它在网络的测试和纠错以及数据传输的安全防护方面有重要的作用。

　　(14) Padding：位填补，位填补字段的长度是可变的。当 IP 报头的长度不是 4 个字节的倍数时，就利用 Padding 在报头最后面填入一连串的 0，直到报头的长度成为 4 个字节的倍数。

4.1.2　MTU

　　以太网和 802.3 对数据帧的长度都有一个限制，其最大值分别是 1500 字节和 1492 字节。链路层的这个特性称为 MTU(Maximum Transmission Unit，最大传输单元)。

4.1.3　IP 数据包的分片

　　如果 IP 层有一个数据包要传，并且数据帧的长度比链路层的 MTU 还大，那么 IP 层就需要进行分片(Fragmentation)，即把数据包分成若干片，每一片都小于 MTU，如图 4-5 所示。

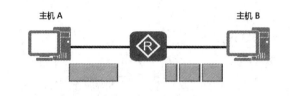

图 4-5   IP 数据包分片结构

1. Identification(数据包标识)

用于识别属于同一个数据包的分片，以区别于同一主机或其他主机发送的其他数据包分片，保证分片被正确地重新组合。

2. Flags(标志)

(1) 0：保留。

(2) DF(Do not Fragment，不分片)标志位：0 表示允许分片；1 表示不允许分片。

(3) MF(More Fragment，更多分割)标志位：0 表示这是最后一个分片；1 表示后面还有分片。

(4) Fragment Offset：片偏移字段，表示每个分片在原始数据包中的位置，以 8 个字节为计算单位。第 1 个分片的片偏移为 0。

IP 数据包分片过程如图 4-6 所示。

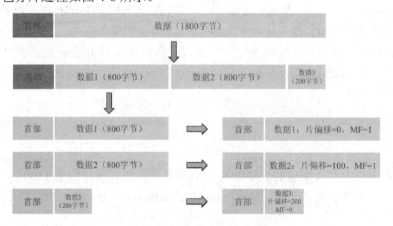

图 4-6   IP 数据包分片过程

4.2　项目设计与准备

1. 项目设计

熟悉并掌握 IP 数据包的结构，掌握 IP 分片的构造，其网络拓扑结构如图 4-7 所示。

Ethernet 0/0/1　　　　　　　　　　　GE 0/0/1

PC1　　　　　　　　　　　　　　　　　　　Cloud1

图 4-7　网络拓扑结构图

2. 项目准备

网络拓扑结构中涉及的设备的 IP 地址规划如表 4-1 所示。

表 4-1　IP 地址规划表

序号	设备名称	IP 地址
1	PC1	192.168.1.101

4.3　项　目　实　施

任务 4-1　大 IP 数据包的发送

本任务要完成大 IP 数据包的发送，具体步骤如下：

(1) 在 PC1 的 cmd 命令行中执行 ping 192.168.1.1 -l 3000，-l 参数指发送的数据包的长度为 3000 字节，如图 4-8 所示。

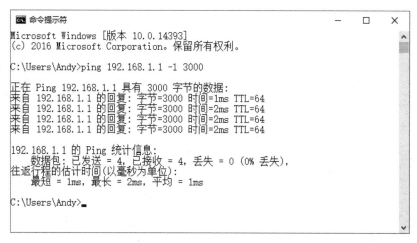

图 4-8　大 IP 数据包发送

(2) 通过 Wireshark 捕获上述数据包，发现返回的回应数据包将长度为 3000 字节的数据包分割成 3 个，第一个数据包除去 IP 首部后，数据部分长度为 1480 字节，如图 4-9 所示；第二个数据包除去 IP 首部后，数据部分长度为 1480 字节，如图 4-10 所示；第三个数据包除去 IP 首部和 ICMP 首部后，数据部分长度为 40 字节，如图 4-11 所示。

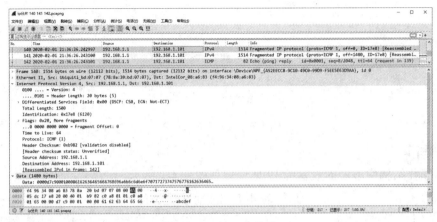

图 4-9　IP 第一个分片

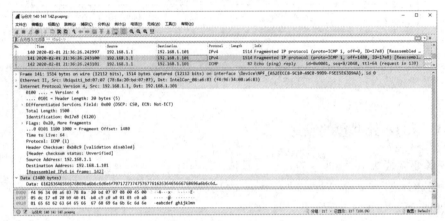

图 4-10　IP 第二个分片

图 4-11　IP 第三个分片

任务 4-2　IP 数据包的构造与发送

本任务要完成 IP 数据包的构造与发送，具体步骤如下：

```
# encoding: utf-8
from scapy.all import *
import time
spiface=conf.route.route("192.168.1.1")[0]
eth = Ether()
eth.type = 0x0800
ip = IP()
ip.src = '192.168.1.100'
ip.dst = '192.168.1.1'
ip.version=4
ip.id=19450
ip.flags=0
ip.ttl=64
packet = eth/ip
while True:
    sendp(packet, iface=spiface)
    print('Sending IP spoof......')
    time.sleep(2)
```

代码运行结果如图 4-12 所示。

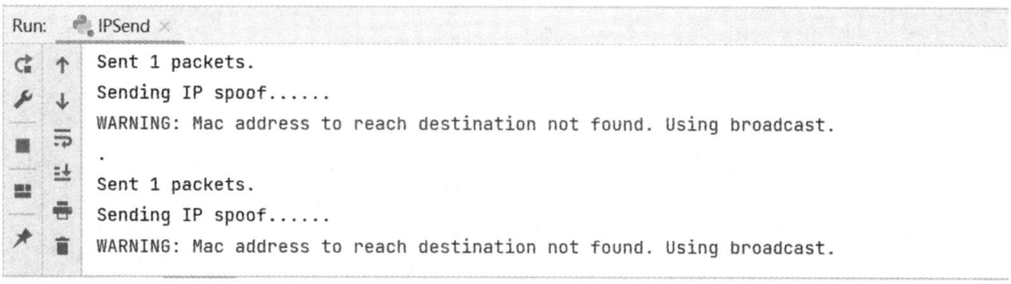

```
Run:    IPSend ×
    Sent 1 packets.
    Sending IP spoof......
    WARNING: Mac address to reach destination not found. Using broadcast.
    .
    Sent 1 packets.
    Sending IP spoof......
    WARNING: Mac address to reach destination not found. Using broadcast.
```

图 4-12　代码运行结果

小　　结

如果网络中存在环路，则 IP 报文可能会在网络中循环而无法到达目的端。TTL 字段限定了 IP 报文的生存时间，使无法到达目的端的报文最终被丢弃。

网关是指接收并处理本地网段主机发送的报文，并转发到目的网段的设备。

IP 分片发生在网络层，不仅源端主机会进行分片，中间的路由器也有可能分片，因为不同网络的 MTU 是不一样的，如果传输路径上的某个网络的 MTU 比源端网络的 MTU 要小，路由器就可能对 IP 数据包进行分片，而分片数据的重组只会发生在目的端的网络层。

练 习 题

1. IP 报文头中固定长度部分为(　　)字节。

A. 10　　　　　　　B. 20　　　　　　　C. 30　　　　　　　D. 40

2. IP 报文中一部分字段专门用来描述报文的生命周期，即 TTL 值，它的最大值是(　　)。

A. 255　　　　　　B. 256　　　　　　C. 63　　　　　　　D. 64

3. IP 数据报协议标识字段指明了 IP 数据报封装的协议，当标识字段为(　　)时表示封装的是 EGP。

A. 1　　　　　　　B. 2　　　　　　　C. 8　　　　　　　D. 17

4. IP 数据报协议标识字段指明了 IP 数据报封装的协议，当标识字段为(　　)时表示封装的是 ICMP。

A. 1　　　　　　　B. 2　　　　　　　C. 6　　　　　　　D. 17

5. IP 数据报协议标识字段指明了 IP 数据报封装的协议，当标识字段为(　　)时表示封装的是 IGMP。

A. 1　　　　　　　B. 2　　　　　　　C. 6　　　　　　　D. 17

项目 5　网络层协议 ICMP

5.1　项目知识准备

网络层的主要功能就是尽最大努力传输。IP 协议并不提供数据的可靠性传输，数据包(也称为分组)在网络层进行转发和寻路操作时会发生各种各样的错误，如何侦测网络中的错误由网络层的其他协议来完成，ICMP 就是进行网络错误报告和侦测的三层协议。

5.1.1　ICMP 的应用场景

ICMP(Internet Control Message Protocol，Internet 控制消息协议)是网络层的一个重要协议。ICMP 用来在网络设备间传递各种差错和控制信息，对于收集各种网络信息、诊断和排除各种网络故障起着至关重要的作用。ICMP 执行流程如图 5-1 所示。

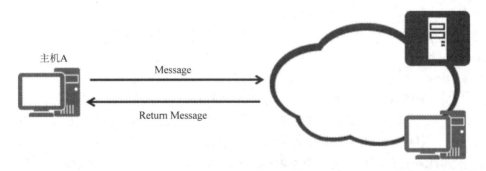

图 5-1　ICMP 执行流程

ping 是一个非常强大的命令，绝大多数网络操作系统和网络互连设备都支持该命令，该命令用来侦测主机到主机之间或者主机到路由端口之间的可达性。ping 命令的执行流程如图 5-2 所示。

图 5-2　ping 命令的执行流程

当在操作系统或者设备控制界面键入"ping 目标 IP 地址"以后，ping 命令成功实现的流程如下：

(1) 在目标节点的 IP 地址和目标节点的 MAC 地址没有建立映射关系之前，会执行 ARP，获取目标 IP 地址主机的 MAC 地址映射关系(执行 ping 命令的主机或者设备和目标 IP 地址主机位于同一个网络)，或者获得默认网关的 IP 地址和 MAC 地址的映射关系(执行 ping 命令的主机或者设备和目标 IP 地址主机没有位于同一个网络)。

(2) 在目标节点的 IP 地址和目标节点的 MAC 地址建立映射关系之后，ping 命令会构造符合 ICMP 请求报文格式的数据包，这个数据包的 ICMP 类型为 8(Echo Request)，然后将该 ICMP 数据包交由数据链路层进行封装并发送。

(3) 目标 IP 地址所在的主机在收到 ICMP 请求数据包后，开始构造符合 ICMP 应答报文格式的数据包，这个数据包的 ICMP 类型为 0(Echo Reply)，然后将该 ICMP 数据包交由数据链路层进行封装并发送。

(4) 执行 ping 命令的主机或者设备在成功收到 ICMP 应答报文后，会将 ICMP 应答报文拆解并将结果进行显示。

ping 命令在成功执行后，会显示和传输以下四个重要参数：

① "Reply from 202.102.3.141"(来自 202.102.3.141 的回复)，"202.102.3.141"就是需要侦测和测试的目标 IP 地址。为什么要显示已经在命令中出现过的目标 IP 地址呢？这是因为 ping 命令不仅支持使用 IP 地址作为目标地址参数进行连通性测试，还支持将主机名(Computer Name)和域名(Domain Name)作为目标地址参数进行连通性测试(如"Ping www.baidu.com")。在后一种方式中，需要先将主机名或者域名解析成 IP 地址以后再进行测试和显示。

② "bytes = 32"(字节 = 32)：这个字节是指 ICMP 封装的测试数据为多少个字节，在 Windows 系统中为 a～z 再加上 a～f 的 32 个英文字符，也就是 32 字节。

③ "time = 135 ms"(时间 = 135 ms)：这个数据是指从 ping 命令发送 ICMP 请求报文到收到 ICMP 应答报文所消耗的时间，也称为往返时间，单位是 ms。时间小于 1 ms 的使用"时间<1 ms"来表达。在图 5-1 中表达的是从 PC_1 发出 ICMP Echo Request 报文到成功收到 PC_2 返回的 ICMP Echo Reply 报文的时间。

④ "TTL = 128"：TTL 称为生存时间(Time To Live)，是 IP 协议包中的一个值，它告诉网络路由器数据包在网络中传输时经过的路由器数量是否达到极限而应被丢弃。有很多原因使包在一定时间内不能被传递到目的地。例如，不正确的路由表可能导致数据包在网络中无限循环。一个解决方法就是使用 TTL 值，数据包每经过一个路由器会将 TTL 值减 1，当这个值为 0 时，路由器将丢弃这个数据包，然后给发送主机一个 ICMP 报文告知错误。不同的操作系统具有不同的默认的 TTL 值，在 Windows 7 中默认的 TTL 值为 128。当测试的 IP 地址所在的主机为 Windows 7 操作系统时，如果 Ping 返回结果为"TTL = 128"，则代表执行 ping 命令的主机或者设备和目标主机位于同一个网络；如果返回结果为"TTL = 126"(图 5-1 所示的网络拓扑)，则代表执行 ping 命令的主机或者设备到达目标主机的网络需要经过 2 个路由器(128-126 = 2)。

ping 命令成功执行的返回信息涵盖了 DNS 或主机名解析的结果、网络的带宽质量和到达目标经过的跳数等重要信息，提供了强大的网络诊断能力。很多网络防火墙会禁止 ping 使用的报文通过，因为该命令可以对网络进行探测和测试。

5.1.2　ICMP 数据包的格式

ICMP 数据包结构如图 5-3 所示。

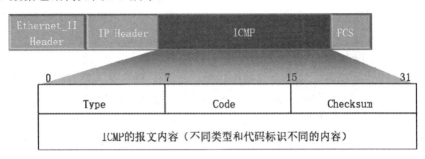

图 5-3　ICMP 数据包结构

图 5-3 中：

(1) Type：ICMP 消息类型。

(2) Code：同一消息类型中的不同信息。

ping 命令执行成功只有一种情况，就是执行 ping 命令的主机和测试目标主机之间能够成功传送 ICMP 请求(类型为 8)和应答报文(类型为 0)；ping 命令执行失败或者数据包传输失败有多种可能，因为这些错误可能发生在执行 ping 命令的主机和测试目标主机(或者数据包传输的源点和终点)上，还可能发生在链路中的任何一个中继设备上。针对这些不同的错误，不同的差错报告类型如表 5-1 所示。

表 5-1　ICMP 差错报告类型

Type	Code	描　　述
0	0	Echo Reply
3	0	网络不可达
3	1	主机不可达
3	2	协议不可达
3	3	端口不可达
4	0	源站抑制
5	0	网络重定向
8	0	Echo Request
11	0	传输期间生存时间为 0
11	1	在数据报组装期间生存时间为 0
12	0	坏的 IP 首部(包括各种差错)
12	1	缺少必需的选项

表 5-1 中：

① 类型 3 是目标不可达(Destination Unreachable)报文。终点不可达分为网络不可达、主机不可达、协议不可达、端口不可达、需要分片但 DF 比特已置为 1、源路由失败等六种

情况，其代码字段分别置为 0～5。当出现以上六种不可达的情况时就向源站发送终点不可达报文。

② 类型 4 是源站抑制(Source Quench)报文。当路由器或主机由于拥塞而丢弃数据报时，就向源站发送源站抑制报文，使源站知道应当将数据报的发送速率降低。

③ 类型 5 是路由重定向(Redirect)报文。当路由器或目的主机收到的数据报的首部中有的字段的值不正确时，就丢弃该数据报，并向源站发送路由重定向报文。

④ 类型 11 是超时(Time Exceeded)报文。超时分为两种：一种是当路由器收到生存时间为零(TTL=0)的数据报时，除丢弃该数据报外，还要向源站发送超时报文；第二种超时是当目的站在预先规定的时间内不能收到一个数据报的全部数据报分片时，就将已收到的数据报片都丢弃，并向源站发送超时报文。

⑤ 类型 12 是参数问题(Parameter Problem)报文。当路由器或目的主机收到的数据报的首部中有的字段值不正确时，就丢弃该数据报，并向源站发送参数问题报文。

(3) Checksum：校验和。检验和的计算方法如下：

① 将检验和部分设为零。

② 将 ICMP 整个报文划分成四位为一组的十六进制数，将这些数逐个相加。

③ 将高位加到低位。

④ 将得到的结果进行取反，得到检验和。

例如：ICMP 数据包为 08 00 00 00 01 24 00 01 d5 7e 35 5e 77 99 02 00 08 09 0a 0b 0c 0d 0e 0f 10 11 12 13 14 15 16 17 18 19 1a 1b 1c 1d 1e 1f 20 21 22 23 24 25 26 27 28 29 2a 2b 2c 2d 2e 2f 30 31 32 33 34 35 36 37。

0x0800 + 0x0000 + 0x0124 + 0x0001 + 0xd57e + 0x355e + 0x7799 + 0x0200 + 0x0809 + 0x0a0b + 0x0c0d + 0x0e0f + 0x1011 + 0x1213 + 0x1415 + 0x1617 + 0x1819 + 0x1a1b + 0x1c1d + 0x1e1f + 0x2021 + 0x2223 + 0x2425 + 0x2627 + 0x2829 + 0x2a2b + 0x2c2d + 0x2e2f + 0x3031 + 0x3233 + 0x3435 + 0x3637 = 0x4789a

0x0004 + 0x789a = 0x789e

0xffff - 0x789e = 0x8761

校验和为 0x8761，如图 5-4 所示。

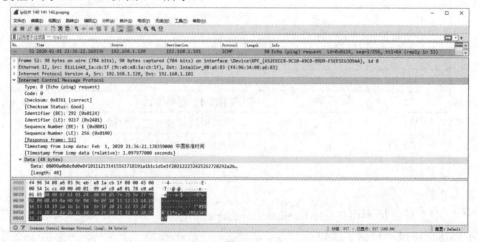

图 5-4   ICMP 数据包 checksum

5.1.3　Tracert 路由追踪命令

Tracert 基于报文头中的 TTL 值来逐跳跟踪报文的转发路径。为了追踪到达某特定目的地址的路径，源端首先将报文的 TTL 值设置为 1。该报文到达第一个节点后，TTL 超时，于是该节点向源端发送 TTL 超时消息，消息中携带时间戳。然后源端将报文的 TTL 值设置为 2，报文到达第二个节点后超时，该节点同样返回 TTL 超时消息，以此类推，直到报文到达目的地。这样，源端根据返回的报文中的信息可以跟踪到报文经过的每一个节点，并根据时间戳信息计算往返时间。Tracert 是检测网络丢包及时延的有效手段，同时可以帮助管理员发现网络中的路由环路。

Tracert 命令的常用参数如表 5-2 所示。

表 5-2　Tracert 命令的常用参数

序　号	参　数	含　义
1	-a source-ip-address	指定 Tracert 报文的源地址
2	-f first-ttl	指定初始 TTL，缺省值是 1
3	-m max-ttl	指定最大 TTL，缺省值是 30
4	-name	使能显示每一跳的主机名

Tracert 命令执行的网络拓扑如图 5-5 所示。

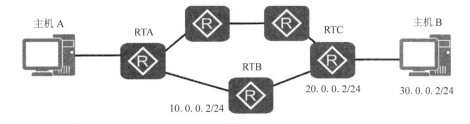

图 5-5　Tracert 命令执行的网络拓扑

在 RTA 路由器上使用 Tracert 命令追踪到达目标 IP 为 30.0.0.2 的路由信息过程如下：
<RTA>tracert 30.0.0.2
Tracert to 30.0.0.2(30.0.0.2), max hops:30, packet length:40, press CTRL_C to break
　1 10.0.0.2 130 ms　 50 ms　 40 ms
　2 20.0.0.2 80 ms　　60 ms　 80 ms
　3 30.0.0.2 80 ms　　60 ms　 70 ms

(1) 源端(RTA)向目的端(主机 B)发送一个 UDP 段，TTL 值为 1，目的 UDP 端口号是大于 30 000 的一个数，因为在大多数情况下，大于 30 000 的 UDP 端口号是任何一个应用程序都不可能使用的端口号。

(2) 第一跳(RTB)收到源端发出的 UDP 段后，判断出报文的目的 IP 地址不是本机 IP 地址，将 TTL 值减 1 后，判断出 TTL 值等于 0，则丢弃报文并向源端发送一个 ICMP 超时(Time Exceeded)包(该报文中含有第一跳的 IP 地址 10.0.0.2)，这样源端就得到了 RTB 的地址。源端收到 RTB 的 ICMP 超时包后，再次向目的端发送一个 UDP 段，TTL 值为 2。

(3) 第二跳(RTC)收到源端发出的 UDP 段后，回应一个 ICMP 超时包，这样源端就得到了 RTC 的地址(20.0.0.2)。

(4) 以上过程不断进行，直到目的端收到源端发送的 UDP 段后，判断出目的 IP 地址是本机 IP 地址，则处理此数据包。根据报文中的目的 UDP 端口号寻找占用此端口号的上层协议，因目的端没有应用程序使用该 UDP 端口号，故向源端返回一个 ICMP 端口不可达数据包。

(5) 源端收到 ICMP 端口不可达数据包后，判断出 UDP 段已经到达目的端，则停止 Tracert 程序，从而得到数据报文从源端到目的端所经历的路径(10.0.0.2→20.0.0.2→30.0.0.2)。

5.2 项目设计与准备

1. 项目设计

熟悉并掌握 ICMP 数据包的结构，掌握 Tracert 命令的使用方法，其网络拓扑结构如图 5-6 所示。

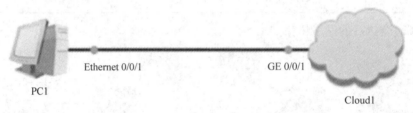

图 5-6 网络拓扑结构图

2. 项目准备

网络拓扑结构中涉及的设备的 IP 地址规划如表 5-3 所示。

表 5-3 IP 地址规划表

序号	设备名称	IP 地址
1	PC1	192.168.1.101

5.3 项目实施

任务 5-1 路由追踪数据包

本任务要完成路由追踪数据包，具体步骤如下：

(1) 在 PC1 的 cmd 命令行中执行 tracert 114.114.114.114 命令，如图 5-7 所示。

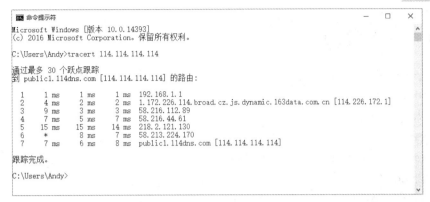

图 5-7　Tracert 命令的执行

(2) 在 Wireshark 中捕获上述命令执行过程中发出的第一个 ICMP 请求与应答数据包，其请求数据包如图 5-8 所示，应答数据包如图 5-9 所示。

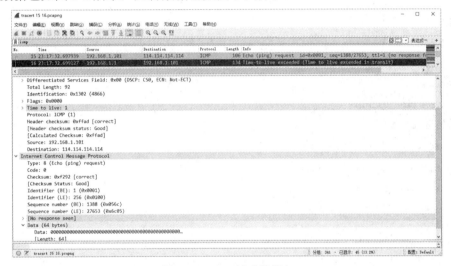

图 5-8　ICMP 请求数据包

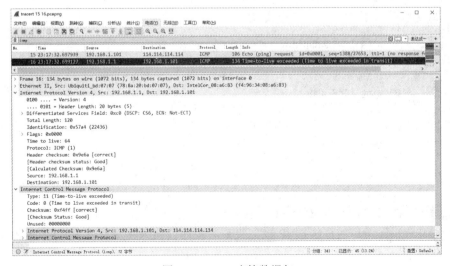

图 5-9　ICMP 应答数据包

任务 5-2   ICMP 数据包的构造与发送

本任务要完成 ICMP 数据包的构造与发送，具体程序如下：

```
# encoding: utf-8
from scapy.all import *
import time
spiface=conf.route.route("192.168.88.101")[0]
eth = Ether()
eth.type = 0x0800
ip = IP()
ip.src = '192.168.88.100'
ip.dst = '192.168.88.101'
ip.proto=1
icmp = ICMP()
icmp.type=8
icmp.code=0
packet = eth/ip/icmp
while True:
    sendp(packet, iface=spiface)
    print('Sending ICMP spoof......')
    time.sleep(2)
```

代码运行结果如图 5-10 所示。

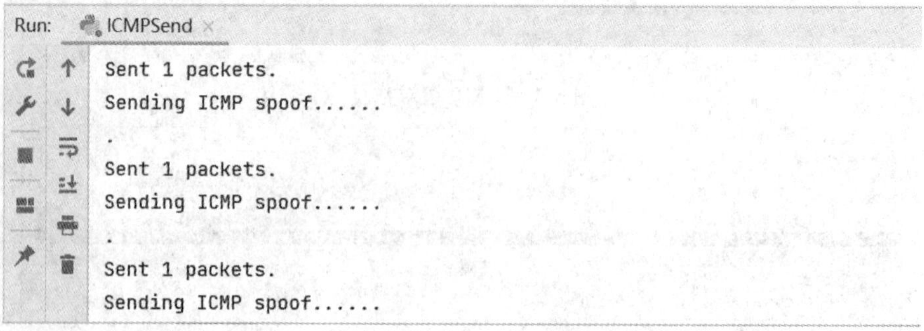

图 5-10   代码运行结果

小   结

ping 命令利用 ICMP Echo Request 消息(Type 值为 8)来检测网络的可达性。目的端收到 ICMP Echo Request 消息后，根据 IP 报文头中的源地址向源端发送 ICMP Echo Reply 消息(Type 值为 0)。

　　如果 IP 数据包在到达目的地之前 TTL 值已经减为 0，则收到 IP 数据包的网络设备会丢弃该数据包，并向源端发送 ICMP 消息通知源端 TTL 超时。

练　习　题

　　1. 在 Windows 操作系统中，采用(　　)命令来测试到达目标所经过的路由器数目及 IP 地址。

　　A. ping　　　　　　B. tracert　　　　　C. arp　　　　　　　D. nslookup

　　2. 某校园网用户无法访问外部站点 210.102.58.74，管理人员在 Windows 操作系统下可以使用(　　)判断故障发生在校园网内还是校园网外。

　　A. ping 210.102.58.74　　　　　　　　B. tracert 210.102.58.74

　　C. netstat 210.102.58.74　　　　　　　D. arp 210.102.58.74

　　3. 下列命令中，不能查看网关 IP 地址的是(　　)。

　　A. Nslookup　　　B. Tracert　　　　C. Netstat　　　D. Route print

　　4. 使用 Windows 提供的网络管理命令(　　)可以查看本机的路由表。

　　A. tracert　　　　　B. arp　　　　　　C. ipconfig　　　D. netstat

　　5. 使用 Windows 提供的网络管理命令(　　)可以修改本机的路由表。

　　A. ping　　　　　　B. route　　　　　C. netsh　　　　　D. netstat

项目 6　传输层协议 TCP

6.1　项目知识准备

传输层通过 TCP 和 UDP 两个协议为应用层分别提供面向连接的服务和面向非连接的服务，不同的应用层协议会使用不同的传输层协议。

6.1.1　TCP 的应用场景

TCP(Transmission Control Protocol，传输控制协议)是一种面向连接的、可靠的、基于字节流的传输层通信协议。TCP 执行流程如图 6-1 所示。

图 6-1　TCP 执行流程图

网络层的主要任务是尽最大努力传输，但是两个主机进行数据通信不仅仅是为数据包找到合适的路径并发送这么简单，数据网络采用的分组交换不同于语音网络采用的电路交换，一次通信的多个数据包到达同一个目标主机不一定沿着同一条路径，这个特征为构筑庞大的互联网提供了强大的灵活性，但也带来了可靠性问题，这些问题交由高层的传输层协议来解决。

TCP 进行一次通信需要经历连接建立、数据传输和连接关闭三个阶段。在这三个阶段，TCP 要解决大量通信过程中遇到的问题，其通信双方使用的源端口和目的端口如图 6-2 所示。

图 6-2　TCP 通信使用的源端口和目的端口

TCP 常用端口如表 6-1 所示。

表 6-1　TCP 常用端口

序　号	协　议	端口号
1	FTP	21、20
2	HTTP	80
3	Telnet	23
4	SMTP	25

6.1.2　TCP 的数据段格式

当应用层向 TCP 层发送用于网间传输的、用 8 位字节表示的数据流时，TCP 把数据流分割成适当长度的报文段，MSS(Maximum Segment Size，最大报文段长度)通常受该计算机连接的数据链路层的最大传送单元(MTU)限制。TCP 把数据段传给 IP 层，由它通过网络传送给接收端的 TCP 层。

TCP 数据段结构如图 6-3 所示。

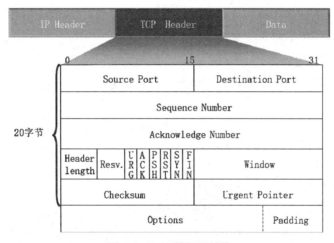

图 6-3　TCP 数据段结构

(1) 源端口(16 比特)：报文段发送者端口号。

(2) 目的端口(16 比特)：报文段接收者端口号。

(3) 顺序号(32 比特)：TCP 为每个要传送的字节分配一个正整数，称为顺序号。

(4) 确认号(32 比特)：当控制位 ACK 置位时，此域包含的顺序号为接收端希望接收的下一个字节的顺序号。

(5) 首部长度(4 比特)：以 32 比特(4 个字节)为单位的报文段首部的长度，即指出数据区在报文段中的位置。

(6) 保留位(6 比特)：保留未用，全置为 0。

(7) 控制位(6 比特)：

① URG：置位时表示紧急指针字段有效。

② ACK：置位时表示确认号字段有效。

③ PSH：置位时表示本报文段要求 PUSH 操作，此时 TCP 会立即发送缓冲区中的数

据，而不必等待缓冲区填满。在接收端，TCP 立即把接收到的数据送给应用程序。

④ RST：置位时表示连接复位，用于在连接发生异常时复位连接。

⑤ SYN：置位时表示与对方同步顺序号。

⑥ FIN：置位时表示发送方没有数据发送了，用于关闭连接。

(8) 窗口(16 比特)：表示接收缓冲区的空闲空间，用来告诉 TCP 连接对端能够接收的最大数据长度。

(9) 校验和(16 比特)：检验和覆盖了整个 TCP 报文段，这是一个强制性的字段，一定是由发送端计算和存储，并由接收端进行验证。

校验和在计算时需要构造伪首部信息，其结构如图 6-4 所示，其中协议标示符为 0x06 表明是一个 TCP 报文。

源 IP 地址(32 位)		
目的 IP 地址(32 位)		
0(8 位)	协议标识符(8 位)	TCP 总长度(16 位)

图 6-4   TCP 数据段伪首部信息

TCP 报文的校验和的计算方法与 ICMP 报文的计算方法类似，将 TCP 伪首部与 TCP 报文一同参与计算，其计算方法如下：

① 将检验和部分设为零。

② 将 TCP 伪首部部分、TCP 首部部分、数据部分都划分成四个十六进制数，将这些数逐个相加。

③ 将高位加到低位。

④ 将得到的结果取反，得到检验和。

TCP 校验和的计算如图 6-5 所示。

32 位源 IP 地址 c0a8 0166			
32 位目的 IP 地址 7b7d 737e			
全 0	8 位协议（TCP 0x06）	16 位 TCP 总长度 002C	
源端口号 0688		目的端口号 0050	
序号 c4d8 548d			
确认号 0000 0000			
首部长度 5	保留 0	控制位 2	窗口大小 ffff
检验和 64b6		紧急指针 0000	
数据 0204 05b4 0103 0303 0101 080a 0000 0000 0000 0000 0101 0402			

图 6-5   TCP 校验和的计算

(10) 紧急指针(16 比特)：只有当 URG 标志置位时紧急指针才有效。紧急指针是一个正的偏移量，它和序号字段中的值相加表示紧急数据最后一个字节的序号。

TCP 数据发送与应答数据段结构如图 6-6 和图 6-7 所示。

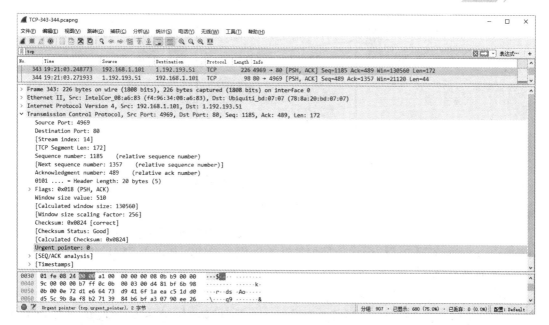

图 6-6 TCP 数据发送数据段结构

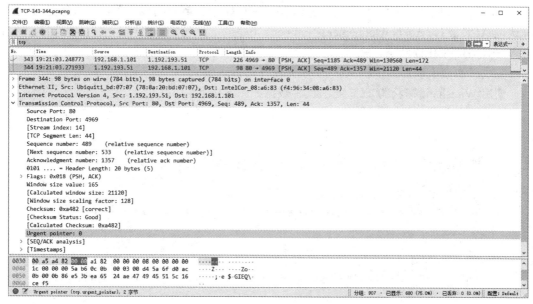

图 6-7 TCP 数据应答数据段结构

6.1.3 TCP 的三次握手

TCP 使用三次握手(three-way handshake)机制来创建两个通信主机间的连接。对 TCP 来讲，连接意味着通信的一端要打开一个套接字(socket)进入侦听状态，另一端主动发起向这个套接字的连接。在 TCP/IP 中，TCP 提供可靠的连接服务，采用三次握手建立连接，TCP 三次握手流程如图 6-8 所示。

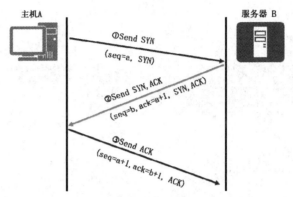

图 6-8　TCP 三次握手流程

（1）第一次握手：建立连接时，主机 A 发送请求同步包(SYN = 1，ACK = 0，Sequence Number = a)到服务器 B，这个序号是由主机 A 随机生成的，并进入 SYN_SEND 状态，等待服务器 B 确认。

（2）第二次握手：服务器 B 收到请求同步包，必须对主机 A 序号进行确认，同时也生成一个请求同步的序号(SYN = 1，ACK = 1，Sequence Number = b，Acknowledgement Number = a + 1)，这个序号是由服务器 B 随机生成的，此时服务器 B 进入 SYN_RECV 状态。

（3）第三次握手：主机 A 收到服务器 B 的确认序号和请求同步序号，向服务器 B 发送确认包(ACK = 1，Acknowledgement Number = b + 1)，此包发送完毕，主机 A 和服务器 B 进入 ESTABLISHED 状态，完成第三次握手。

完成三次握手以后，主机 A 与服务器 B 开始传送数据。

使用 Wireshark 捕获的 TCP 三次握手数据如图 6-9 所示。

图 6-9　TCP 三次握手数据

6.1.4　TCP 的四次挥手

建立 TCP 连接需要进行三次握手，因为 TCP 是一个全双工协议，数据包传输可以同时在两个建立 TCP 连接的主机之间双向进行,这就意味着连接的关闭也要在两个方向上关闭,所以 TCP 的关闭变成了四步操作,TCP 四次挥手流程如图 6-10 所示。

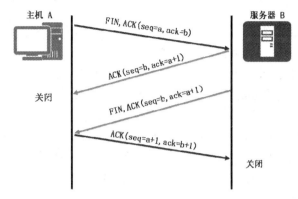

图 6-10 TCP 四次挥手流程

(1) 已经建立 TCP 连接的主机 A 和服务器 B,当主机 A 已经将需要传输给服务器 B 的数据全部传输完毕的时候,会发送一个 FIN 为 1 的报文来告知服务器 B 数据发送已经结束。

(2) 服务器 B 收到这个报文后发送 ACK 报文向主机 A 进行确认,主机 A 收到 ACK 报文后开始等待服务器 B 发送 FIN 报文,此时,主机 A 停止向服务器 B 发送数据,但服务器 B 仍然可以向主机 A 发送数据。

(3) 服务器 B 完成数据发送后,会发送一个 FIN 为 1 的报文来告知主机 A 数据发送已经结束。

(4) 主机 A 收到这个报文后,发送 ACK 报文向服务器 B 进行确认,主机 A 会进入一个 TIMA_WAIT 状态,确保服务器 B 接收到 ACK 包并关闭连接,进入 CLOSED 状态,服务器 B 收到这个 ACK 报文后也关闭连接,进入 CLOSED 状态。

使用 Wireshark 捕获的 TCP 四次挥手数据如图 6-11 所示。

图 6-11 TCP 四次挥手数据

6.1.5　TCP 数据段的乱序处理

TCP 同时使用 32 位的确认序号(Acknowledgement Number)对收到的数据报文进行确认。这个确认的号码实际上是对接收到数据最高序列号的确认。如果客户端发送的数据序号为 500，发送的数据长度为 200，则接收端成功收到后会返回一个为 701 的确认号给发送端，既表达了已经成功收到该数据包的信息，也表达了下一个数据报文期望发送的字节序号。

分组交换网络设计的本质在于每一个数据包都可以独立路由到最优路径以到达目的地，所以两个主机通信的数据包并不会只沿着一条路径进行传输，接收端接收到的报文次序也不一定和发送端发送次序完全一致，这个时候就需要 TCP 使用序号将报文段按照正确的顺序进行组合后交给应用层进行处理。

6.1.6　TCP 数据段的丢失解决

TCP 在建立连接以后，数据包在两个端点之间的传输有两个结果，一个是传输成功，一个是传输失败。传输失败就是需要传输的数据包因为种种原因在传输路径上丢失了，TCP 把"发现"数据包丢失的任务交给发送端，同时规定如果发送端"发现"数据包丢失将进行丢失的数据包的重传。这种"发现"的能力是 TCP 通过在发送数据报文时设置一个超时定时器来实现的，如果在定时器结束时还没收到发送报文的确认，发送端将认为该数据包已经丢失，它将会重传这个报文。

图 6-12 是指数据包在传输过程中被交换机、路由器或防火墙等中间设备或软件丢弃，这种情况接收端没有收到数据包。

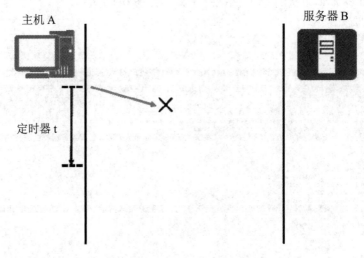

图 6-12　定时器超时 1

图 6-13 是指数据包还在传输过程中，但因为中间转发设备延迟过大导致发送端定时器超时，这种情况接收端收到了数据包。

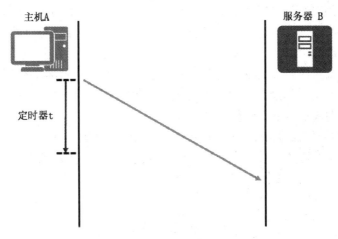

图 6-13　定时器超时 2

　　图 6-14 是指返回的确认包还在传输过程中，但因为中间转发设备延迟过大导致发送端定时器超时，这种情况接收端收到了数据包。

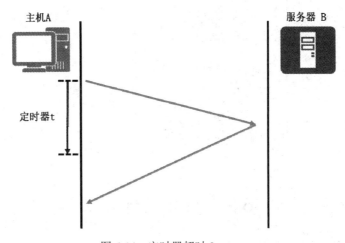

图 6-14　定时器超时 3

　　在发送端定时器超时以后，发送端会启动重传，如果接收端接收到两个序号一样的数据包，将会丢弃重复的数据包。

　　定时器的时间设置非常重要，这个时间如果设置得过大则存在发送端等待时间过长的问题，如果设置得过小则会出现大量的超时情况，重传在这情况中将消耗大量的带宽。定时器的时间取值(也称为重传时间)必须来自真实的端到端的网络状况，不同的端到端连接必然有不同的定时器时间，而且同一个端到端的连接在不同的时间也会有不同的定时器时间(如网络高峰时刻和网络空闲时刻)。这个时间是由 TCP 算法实现的，无论采用了哪种算法，这个算法必然是动态的，并尽量真实地反映当前端到端的网络状况。

6.1.7　TCP 数据段的流量控制

　　每次发送一个数据包里包含多少字节也是 TCP 要解决的一个重要问题，如果每次发送的字节数过小，那么带宽利用率就会很低，接收端的处理能力也不能完全发挥出来；如果每次发送的字节数过大，超过了网络的带宽容量或者接收端的处理能力，就会有大量的数据包被丢弃和重发。在这种情况下，如果 TCP 没有相应的控制机制，情况将会恶化，重发会加剧网络带宽的拥塞状况或者接收端丢弃数据包的状况，有效的数据传输会进一步降低。TCP 的流量控制就是尽最大努力使用网络带宽和接收端的设备处理能力，同时降低拥塞的风险，并能在拥塞发生以后进行恢复。

TCP 采用滑动窗口(sliding-window)来进行流量控制，发送端根据接收端提供的窗口信息来调整每一次发送数据包的字节数。接收端提供的流量控制信息主要包括窗口大小和收到的数据包序号确认，如图 6-15 所示。

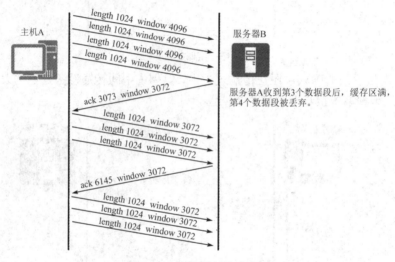

图 6-15　流量控制滑动窗口

6.2　项目设计与准备

SYN Flood 攻击是指利用 TCP 三次握手协议的不完善，恶意发送大量仅仅包含 SYN 握手序列数据包的攻击方式。该种攻击方式可能将导致被攻击计算机为了保持潜在连接，在一定时间内大量占用的系统资源无法释放从而拒绝服务，甚至崩溃。

1. 项目设计

熟悉并掌握 TCP 数据段的结构，掌握 TCP 攻击及防御的方法。本项目的网络拓扑结构如图 6-16 所示。

图 6-16　网络拓扑结构图

2. 项目准备

网络拓扑结构中设备的 IP 地址规划如表 6-2 所示。

表 6-2　IP 地址规划表

序　号	设备名称	IP 地址
1	客户机	192.168.8.101/24
2	Web 服务器	192.168.8.109/24
3	Kali	192.168.8.126/24

6.3　项　目　实　施

任务 6-1　SYN Flood 攻击

本任务要完成 SYN Flood 攻击，具体步骤如下：

(1) 在客户机上使用浏览器打开 Web 服务器网站，能够正常访问，如图 6-17 所示。

图 6-17　客户端访问 Web 服务器

(2) 在 Kali 上使用 hping3 命令对 Web 服务器发起 Flood 攻击，如图 6-18 所示。

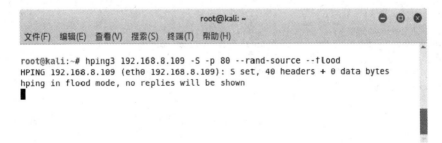

图 6-18　使用 hping3 命令进行攻击

hping3 命令常用参数如表 6-3 所示。

表 6-3　hping3 命令常用参数

序　号	参　数	含　义
1	-S	使用 SYN 标记，表示发送的是 SYN 包
2	-p port	目的端口
3	--rand-source	表示随机源地址模式
4	--flood	尽最快发送数据包，不显示回复

(3) 在 Web 服务器上使用 netstat 命令查看状态为 SYN_RECV 的 TCP 连接，如图 6-19 所示。

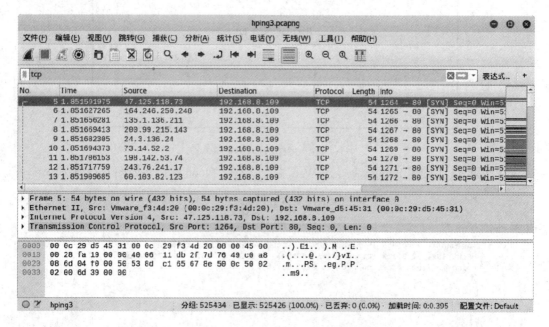

图 6-19　Web 服务器查看网络连接状态

(4) 在 Kali 上使用 Wireshark 捕获发出的 TCP 流量，如图 6-20 所示。

图 6-20　攻击机查看发送的攻击流量

(5) 在客户机上再次使用浏览器打开 Web 服务器网站，发现无法正常访问，如图 6-21 所示。

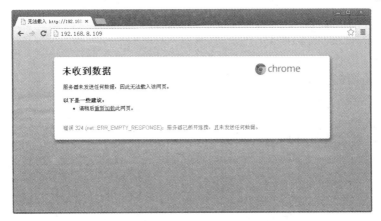

图 6-21   客户端访问 Web 服务器

任务 6-2   SYN Flood 防御

本任务要完成 SYN Flood 防御，具体步骤如下：

(1) 在 Web 服务器上修改/etc/sysctl.conf 文件：

#所能接受 SYN 同步包的最大客户端数量，即半连接上限

net.ipv4.tcp_max_syn_backlog = 2560

#所能接受处理数据的最大客户端数量，即完成连接上限

net.core.somaxconn = 2560

(2) 使用/sbin/sysctl -p 使上述配置立即生效：

[root@localhost ~] /sbin/sysctl -p

任务 6-3   TCP 数据段的构造与发送

本任务要完成 TCP 数据段的构造与发送，具体程序如下：

```
# encoding: utf-8
import socket
from scapy.all import *
import time
def tcpconnscan(host, port):
    try:
        conn = socket.socket(socket.AF_INET, socket.SOCK_STREAM)
        conn.connect((host, port))
        print('[+]%d/tcp open' % port)
        conn.close()
    except:
        pass
def portscan(host):
    #端口范围  1-1023
```

```
        for port in range(1, 1024):
            tcpconnscan(host, port)
def main():
    portscan('192.168.88.101')
if __name__ == '__main__':
    main()
```

代码运行结果如图 6-22 所示。

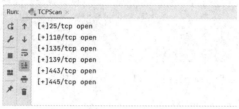

图 6-22   代码运行结果

小   结

TCP 是面向连接的传输控制协议。TCP 具有高可靠性，确保传输数据的正确性，不出现丢失或乱序。TCP 可以保证接收端毫无差错地接收到发送端发出的字节流，为应用程序提供可靠的通信服务。对可靠性要求高的通信系统往往使用 TCP 传输数据。

TCP 报文头中的 ACK 标志位用于目的端对已收到数据的确认。目的端成功收到序列号为 x 的字节及之前的所有字节后，会以序列号 x+1 进行确认。在 TCP 的三次握手过程中，要使用 SYN 和 ACK 标志位来请求建立连接和确认建立连接。

练 习 题

1. TCP/IP 中，基于 TCP 的应用程序包括(   )。

A. ICMP   B. SMTP   C. RIP   D. SNMP

2. TC 通过(   )来区分不同的连接。

A. IP 地址   B. 端口号

C. IP 地址+端口号   D. 以上答案均不对

3. 报文头中协议号字段的内容对应于 TCP 是(   )。

A. 17   B. 6   C. 23   D. 1

4. (   )端口是 well-known port。

A. 1～1023   B. 1024 及以上   C. 1～256   D. 1～65 534

5. 下面那一个 TCP/UDP 端口范围将被客户端程序使用(   )。

A. 1～1023   B. 1024 及以上   C. 1～256   D. 1～65 534

项目 7　传输层协议 UDP

7.1　项目知识准备

7.1.1　UDP 的应用场景

当应用程序对传输的可靠性要求不高，但是对传输速度和延迟要求较高时，可以使用 UDP(User Datagram Protocol，用户数据包协议)。UDP 执行流程如图 7-1 所示。

图 7-1　UDP 执行流程

使用 UDP 传输数据时，由应用程序根据需要提供报文到达确认、排序、流量控制等功能。UDP 不提供重传机制，占用资源少，处理效率高。一些时延敏感的流量，如语音、视频等，通常使用 UDP 作为传输层协议，如图 7-2 所示。

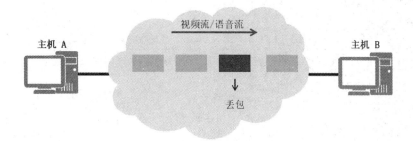

图 7-2　UDP 传输使用场景

7.1.2　UDP 数据段的结构

使用 UDP 的有 TFTP(69)、SNMP(161)、DNS(53)、BOOTP(67、68)。UDP 头部仅占 8 字节，传输数据时没有确认机制。UDP 数据段结构如图 7-3 所示。

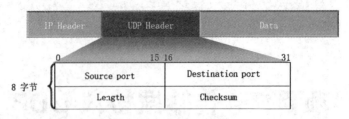

图 7-3　UDP 数据段的结构

(1) Source port：16 位源端口号，源主机的应用程序使用的端口号。

(2) Destination port：16 位目的端口号，目的主机的应用程序使用的端口号。

(3) Length：16 位 UDP 长度，UDP 用户数据段的长度，其最小值是 8(仅首部)。

(4) checksum：16 位 UDP 校验和，检测 UDP 用户数据段在传输中是否有错，有错就丢弃。

校验和在计算时需要构造伪首部信息，其结构如图 7-4 所示，其中协议标示符为 0x11 表明是一个 UDP 数据段。

源 IP 地址(32 位)		
目的 IP 地址(32 位)		
0(8 位)	协议标识符(8 位)	UDP 总长度(字节)(位)

图 7-4　UDP 数据段伪首部信息

UDP 数据段的校验和计算方法与 ICMP 数据包的计算方法类似，将 UDP 伪首部与 UDP 数据段一同参与计算，其计算方法如下：

(1) 将检验和部分设为零。

(2) 将 UDP 伪首部部分、UDP 首部部分、UDP 数据部分划分成四位一组的十六进制数，将这些数逐个相加。

(3) 将高位加到低位。

(4) 将得到的结果取反，得到检验和。

UDP 数据段校验和如图 7-5 所示。

图 7-5　UDP 数据段校验和

7.2　项目设计与准备

UDP Flood 属于带宽类攻击,黑客通过僵尸网络向目标服务器发送大量的 UDP 数据段,这种 UDP 数据段通常为大包,且发送速率非常高,通常会造成以下危害:

(1) 消耗网络带宽资源,严重时会造成网络拥塞。

(2) 大量变源地址、变端口的 UDP Flood 会导致依靠会话转发的网络设备性能降低,甚至会话耗尽,从而导致网络瘫痪。

1. 项目设计

熟悉并掌握 UDP 数据段的结构,掌握 UDP 攻击及防御的方法,其网络拓扑结构图如图 7-6 所示。

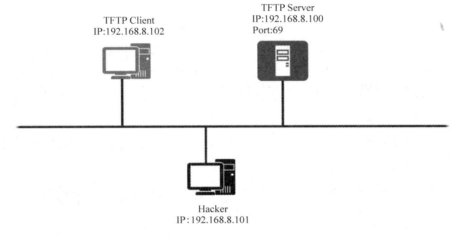

图 7-6　网络拓扑结构图

2. 项目准备

网络拓扑结构中涉及的设备的 IP 地址规划如表 7-1 所示。

表 7-1　IP 地址规划表

序　号	设备名称	IP 地址
1	TFTP Client	192.168.8.102/24
2	TFTP Server	192.168.8.100/24
3	Hacker	192.168.8.101/24

7.3　项目实施

任务 7-1　UDP Flood 攻击

本任务要完成 UDP Flood 攻击,具体步骤如下:

(1) 开启 TFTP 服务器，配置网卡接口 IP，如图 7-7 所示。

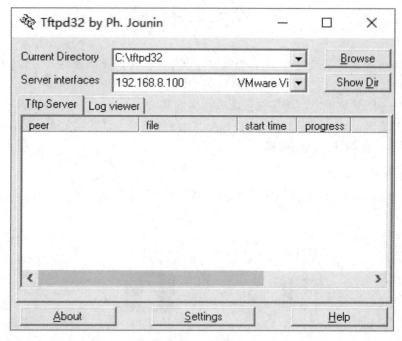

图 7-7　开启 TFTP 服务器

(2) 运行 TFTP 客户端，配置网卡接口 IP，设置 TFTP 服务器的 IP 和端口，设置需要上传的文件 setup.exe，如图 7-8 所示。

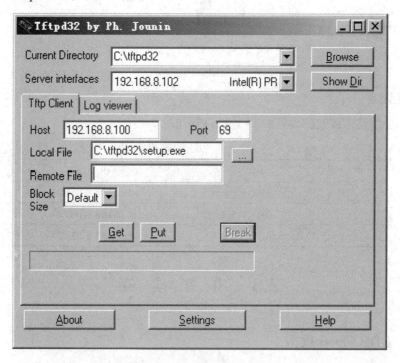

图 7-8　开启 TFTP 客户端

(3) 在 TFTP 客户端上单击 Put 按钮，上传 setup.exe 文件，如图 7-9 所示。

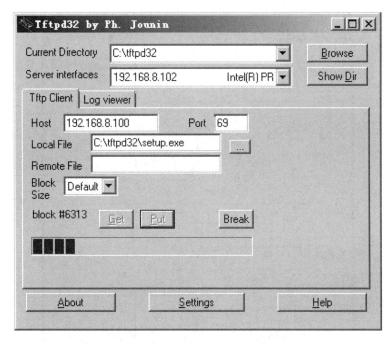

图 7-9　TFTP 客户端上传文件

(4) 在 TFTP 服务器上查看 setup.exe 文件的接收过程，如图 7-10 所示。

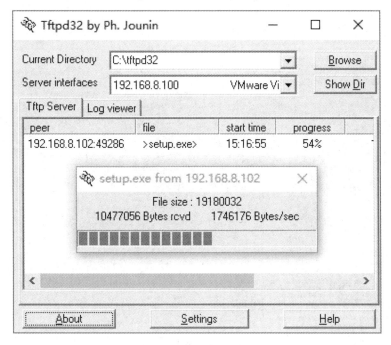

图 7-10　在 TFTP 服务器上查看文件接收

(5) 在攻击机上运行 UDP Flood 程序，设置攻击的 TFTP 服务器的 IP 和端口，设置发送速度为最大，单击开始按钮进行攻击，如图 7-11 所示。

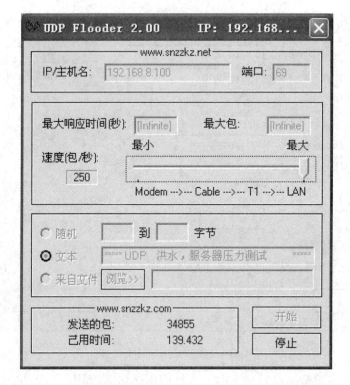

图 7-11   UDP Flood 攻击

(6) 在 TFTP 服务器上使用 Wireshark 捕获攻击的流量，如图 7-12 所示。

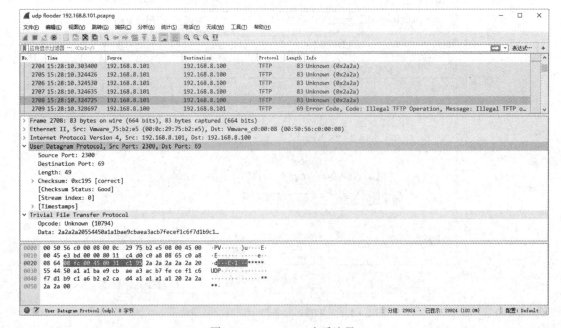

图 7-12   Wireshark 查看流量

(7) 在 TFTP 客户端上单击 Put 按钮，重新上传 setup.exe 文件，如图 7-13 所示。

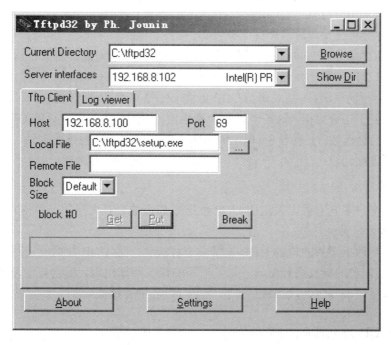

图 7-13　TFTP 客户端上传文件

(8) TFTP 服务器程序运行异常，服务停止，setup.exe 文件接收失败，如图 7-14 所示。

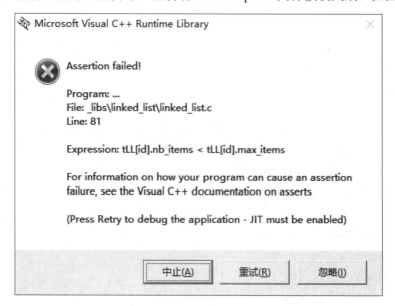

图 7-14　TFTP 服务器应用程序崩溃

任务 7-2　UDP Flood 防御

本任务要完成 UDP Flood 防御，具体步骤如下：

1. 限流

(1) 基于目的 IP 地址的限流：是指以某个 IP 地址作为统计对象，对到达这个 IP 地址的 UDP 流量进行统计并限流，超过部分丢弃。

(2) 基于目的安全区域的限流：是指以某个安全区域作为统计对象，对到达这个安全区域的 UDP 流量进行统计并限流，超过部分丢弃。

(3) 基于会话的限流：是指对每条 UDP 会话上的报文速率进行统计，如果会话上的 UDP 数据段速率达到了告警阈值，这条会话就会被锁定，后续命中这条会话的 UDP 数据段都被丢弃。当这条会话连续 3 s 或者 3 s 以上没有流量时，防火墙会解锁此会话，后续命中此会话的报文可以继续通过。

2. 指纹学习

通过分析客户端向服务器发送的 UDP 数据段载荷是否有大量的一致内容，来判定这个 UDP 数据段是否异常。

防火墙对到达指定目的地的 UDP 数据段进行统计，当 UDP 数据段达到告警阈值时，开始对 UDP 数据段的指纹进行学习。如果相同的特征频繁出现，就会被学习成指纹，后续命中指纹的数据段被判定为攻击流量，作为攻击特征进行过滤。

任务 7-3　UDP 数据段的构造与发送

本任务要完成 UDP 数据段的构造与发送，具体程序如下：

```
# encoding: utf-8
import socket
from scapy.all import *
import time
def udpconnscan(host, port):
try:
        rep = sr1(IP(dst=host) / UDP(dport=port), timeout=1, verbose=0)
        time.sleep(1)
        if (rep.haslayer(ICMP)):
            print('[-]%d/udp not open' % port)
    except:
        print('[+]%d/udp open' % port)
def portscan(host):
    for port in range(1, 1023):
        udpconnscan(host, port)
def main():
    portscan('192.168.88.101')
if __name__ == '__main__':
    main()
```

代码运行结果如图 7-15 所示。

图 7-15　代码运行结果

小　结

当应用程序对传输的可靠性要求不高，但是对传输速度和延迟要求较高时，可以用 UDP 来替代 TCP 在传输层控制数据的转发。UDP 将数据从源端发送到目的端时无需事先建立连接。

UDP 采用简单、易操作的机制在应用程序间传输数据，而没有使用 TCP 中的确认技术或滑动窗口机制，因此 UDP 不能保证数据传输的可靠性，也无法避免接收到重复数据的情况。UDP 适合传输对时延敏感的流量，如语音和视频。

在使用 TCP 传输数据时，如果一个数据段丢失或者接收端对某个数据段没有确认，发送端会重新发送该数据段。TCP 重新发送数据会带来传输延迟和重复数据，降低了用户的体验。对于时延敏感的应用，少量的数据丢失一般可以被忽略，这时使用 UDP 传输能够提升用户体验。

防御 UDP Flood 攻击主要有两种方式：限流和指纹学习。两种方式各有利弊，限流方式属于暴力型，可以很快将 UDP 流量限制在一个合理的范围内，但是不分青红皂白，超过就丢，可能会丢弃一些正常数据段；指纹学习方式属于理智型，不会随意丢弃数据段，但是发生攻击后需要有个指纹学习的过程。目前，指纹学习方式是针对 UDP Flood 攻击的主流防御手段。

练　习　题

1. 下面协议中哪一个是工作在传输层并且是面向无连接的(　　)。

A. IP　　　　　　　　B. ARP　　　　　　　C. TCP　　　　　　　　D. UDP

2. 在网络层 IP 模块根据 IP 数据报首部中的协议值决定将数据报中的数据交给哪一个模块去处理，当协议值为(　　)，应将数据交给 UDP 模块处理。

A. 1　　　　　　　　B. 2　　　　　　　　C. 6　　　　　　　　　D. 17

3. 下面信息中(　　)包含在 TCP 头中，而不包含在 UDP 头中。

A. 目标端口号　　　　B. 顺序号　　　　　　C. 发送端口号　　　　　D. 校验和

4. 传输控制 TCP 和用户数据报 UDP 是互联网传输层的主要协议。下面关于 TCP 和

UDP 的说法中，(   )是不正确的。

    A. TCP 是面向连接的协议，UDP 是无连接的协议

    B. TCP 能够保证数据包到达目的地不错序，UDP 不保证数据的传输正确

    C. TCP 传输数据包的速度一般比 UDP 传输速度快

    D. TCP 保证数包传输的正确性，UDP 在传输过程中可能存在丢包现

    5. 以下哪种拒绝服务攻击方式不是流量型拒绝服务攻击(   )。

    A. Land   B. UDP Flood   C. Smurf   D. teardro

项目 8 应用层协议 HTTP

8.1 项目知识准备

8.1.1 HTTP 的应用场景

HTTP 的全称是超文本传输协议(HyperText Transfer Protocol)。设计 HTTP 的目的是提供一种规范的发送和接收超文本标记语言，(HyperText Markup Language，HTML)页面的方法。通过 HTTP 请求 HTML 页面需要使用统一资源定位符(Uniform Resource Identifier，URL)来标识页面位置，HTTP 不仅能够保证计算机正确传输 HTML 页面，还能确认传输文档的哪一部分，以及 HTML 页面的哪一部分内容优先显示。HTTP 执行流程如图 8-1 所示。

图 8-1 HTTP 执行流程

HTTP 是一个应用层的协议，通过 TCP 进行传输。HTTP 是一个典型的请求和应答模型，访问 Web 服务器的客户端将 Web 服务器的 IP 地址作为目标 IP 地址，将 80 端口作为目标端口号，将客户端的 IP 地址作为源 IP 地址，客户端随机使用一个本机未被占用的端口号作为源端口号，向目标 IP 地址的 80 端口发起 HTTP 请求，Web 服务器在成功地收到请求后，将客户端请求的页面使用 HTTP 进行应答，将应答信息封装到 TCP 报文中进行传输。

当在浏览器地址栏输入"http://www.baidu.com"时，就是在使用 URL 访问百度服务器的首页。这个地址实际上由四部分组成，其中两部分并未在这个地址中体现。

(1) 协议："http://"代表使用超文本传输协议访问 www.baidu.com。

HTTP 版本主要分为 HTTP/1.0、HTTP/1.1、HTTP/2。

① 在 HTTP/1.0 中，客户端与 Web 服务器建立连接后，只能获得一个 Web 资源。

② 在 HTTP/1.1 中，允许客户端与 Web 服务器建立连接后，在一个连接上获取多个 Web 资源。

③ 在 HTTP/2 中，允许同时通过单一的 HTTP/2 连接发起多重的请求-响应消息。

(2) 域名：www.baidu.com 代表要访问主机的全域名，www 是二级域名 baidu 下提供 Web 服务的主机名字(一个域名可以代表一台主机或者多台使用负载均衡或者群集的主机)。

(3) 请求页面：www.baidu.com 上配置了默认的返回页面，如果请求访问的客户端没有指定需要的页面，将百度的服务器将会给客户端返回已经配置好的默认页面。

(4) 目标端口：如果没有特别指明，浏览器会将 HTTP 的默认端口号 80 作为访问主机的目标端口号；如果需要指明特定的端口号，则需要在地址的尾部加上“：特定端口号”对目标主机进行访问。

一个完整的地址栏输入的形式为 http://www.demo.com/default.html:8000。这个输入地址代表了一个完整的 HTTP 请求，含义是使用 HTTP，向域名 www.demo.com 所在的目标 Web 服务器的 8000 端口请求 default.html 页面。

8.1.2　HTTP 的访问过程

HTTP 目前使用的版本是 1.1。HTTP 是一个无状态的协议。无状态意味着客户端发起不同请求之间没有任何关联。一个典型的 HTTP 操作过程分为四步：

(1) 在浏览器地址栏输入地址或者单击某个超级链接，客户端首先和 Web 服务器建立连接。这个过程使用 TCP 的三次握手。如果使用的是域名访问，在建立连接之前还要经过 DNS 解析，将 DNS 域名解析为 IP 地址。

(2) 客户端和 Web 服务器建立 TCP 连接以后，客户端发送一个 HTTP 请求给 Web 服务器。

(3) Web 服务器接到客户端请求后，给予客户端应答信息。

(4) 当 Web 服务器发送应答结束以后，Web 服务器与客户端断开连接，双方都释放连接所需的资源。

客户端访问 Web 服务器上的页面都要经历这样的过程，采用 DNS 缓存和保持连接等技术可以减少访问同一个 Web 服务器的 DNS 解析和建立 TCP 连接的次数。如果客户端请求成功，则浏览器将收到的 HTML 页面进行解析和显示；如果请求失败，则浏览器将显示访问出错的响应页面。

8.1.3　HTTP 请求报文结构

HTTP 请求报文结构如图 8-2 所示。

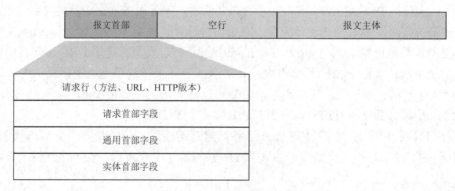

图 8-2　HTTP 请求报文结构

请求消息的第一行的格式：

Method　　　SP　　　Request-URI　　　SP　　　HTTP-Version　　　CRLF

(1) Method 表示对于 Request-URI 完成的方法，这个字段是大小写敏感的，包括 OPTIONS、GET、HEAD、POST、PUT、DELETE、TRACE 等。HTTP 请求方法如表 8-1 所示。

表 8-1　HTTP 请求方法

序号	方　法	描　述
1	GET	请求指定的页面信息，并返回实体主体
2	HEAD	类似于 GET 请求，只不过返回的响应中没有具体的内容，用于获取报头
3	POST	向指定资源提交数据进行处理请求(例如提交表单或者上传文件)。数据被包含在请求体中。POST 请求可能会导致新的资源的建立和/或已有资源的修改
4	PUT	从客户端向服务器传送的数据取代指定的文档的内容
5	DELETE	请求服务器删除指定的页面
6	CONNECT	HTTP/1.1 协议中预留给能够将连接改为管道方式的代理服务器
7	OPTIONS	允许客户端查看服务器的性能
8	TRACE	回显服务器收到的请求，主要用于测试或诊断
9	PATCH	是对 PUT 方法的补充，用来对已知资源进行局部更新

(2) SP 表示空格。

(3) Request-URI 遵循 URI 格式，当此字段为星号(*)时，说明请求并不用于某个特定的资源地址，而用于服务器本身。

(4) HTTP-Version 表示支持的 HTTP 版本，如 HTTP/1.1。

(5) CRLF 表示换行回车符。

在 Wireshark 中捕获的 HTTP 请求报文如图 8-3 所示。

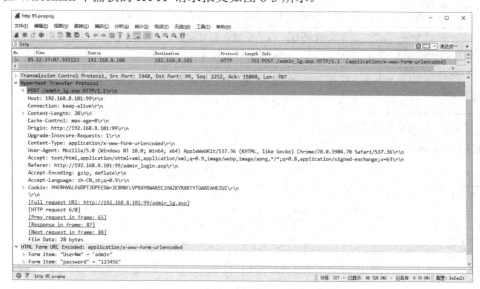

图 8-3　HTTP 请求报文

8.1.4 HTTP 响应报文结构

HTTP 响应报文结构如图 8-4 所示。

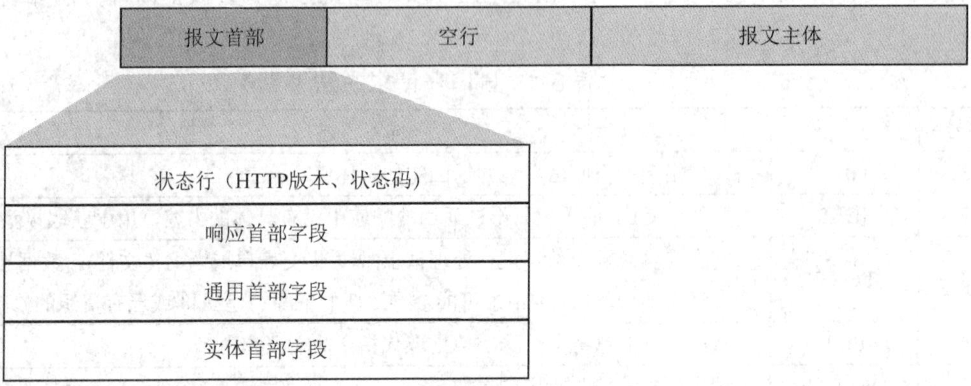

报文首部	空行	报文主体

状态行（HTTP版本、状态码）
响应首部字段
通用首部字段
实体首部字段

图 8-4 HTTP 响应报文结构

应答消息的第一行的格式：

HTTP-Version   SP   Status-Code   SP   Reason-Phrase   CRLF

(1) HTTP-Version 表示支持的 HTTP 版本，如 HTTP/1.1。

(2) SP 表示空格。

(3) Status-Code 是一个三个数字的结果代码。Status-Code 的第一个数字定义响应的类别。各状态码的含义如表 8-2 所示。

表 8-2 HTTP 响应的状态码

序　号	状态码	含　义
1	1**	信息响应类，表示接收到请求并且继续处理
2	2**	处理成功响应类，表示动作被成功接收、理解和接受
3	3**	重定向响应类，为了完成指定的动作，必须接受进一步处理
4	4**	客户端错误。客户请求包含语法错误或者不能正确执行(404 Not Found，即无法找到指定位置的资源，这个是常见的请求页面访问失败返回的应答类型)
5	5**	服务端错误，服务器不能正确执行一个正确的请求

(4) CRLF 表示换行回车符。

HTTP 常见响应头如表 8-3 所示。

表 8-3 HTTP 常见响应头

序号	响应头	说　明
1	allow	服务器支持哪些请求方法(如 GET、POST 等)
2	Content-Encoding	文档的编码(Encode)方法。只有在解码之后才可以得到 Content-Type 头指定的内容类型。利用 gzip 压缩文档能够显著地减少 HTML 文档的下载时间

续表

序 号	状态码	含 义
3	Content-Length	表示内容长度。只有当浏览器使用持久 HTTP 连接时才需要这个数据。如果想要利用持久连接的优势，可以把输出文档写入 ByteArrayOutputStream，完成后查看其大小，然后把该值放入 Content-Length，最后通过 byteArray Stream. writeTo(response.getOutputStream()发送内容
4	Content-Type	表示后面的文档属于什么 MIME 类型。Servlet 默认为 text/plain，但通常需要显式地指定为 text/html
5	Date	当前的 GMT 时间。可以用 setDateHeader 来设置这个头，以便于转换时间格式
6	Expires	应该在什么时候认为文档已经过期，从而不再缓存它
7	Last-Modified	文档的最后改动时间。客户可以通过 If-Modified-Since 请求头提供一个日期，该请求将被视为一个条件 GET，只有改动时间迟于指定时间的文档才会返回，否则返回一个 304(Not Modified)状态
8	Location	表示客户应当到哪里去提取文档
9	Refresh	表示浏览器应该在多少时间之后刷新文档，以秒计
10	Server	服务器名称
11	Set-Cookie	设置和页面关联的 Cookie
12	WWW-Authenticate	表示客户应该在 Authorization 头中提供什么类型的授权信息

在 Wireshark 中捕获的 HTTP 响应报文如图 8-5 所示。

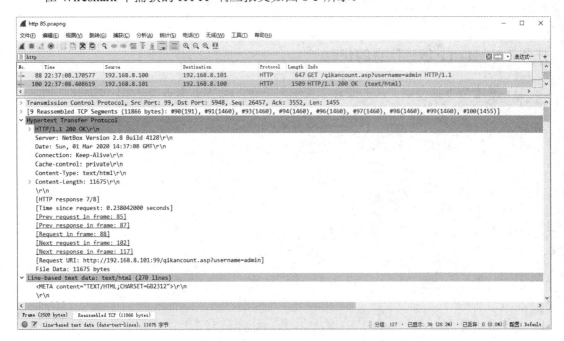

图 8-5 HTTP 响应报文

8.2　项目设计与准备

1. 项目设计

熟悉并掌握 Wireshark 的安装及基本使用，有效地提高捕获数据包、分析数据包的效率，其网络拓扑结构如图 8-6 所示。

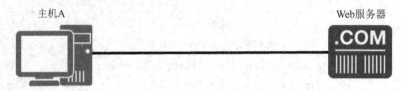

主机A　　　　　　　　　　　　　　　　　Web服务器

图 8-6　网络拓扑结构图

2. 项目准备

网络拓扑结构中涉及的设备的 IP 地址规划如表 8-4 所示。

表 8-4　IP 地址规划表

序　号	设备名称	IP 地址
1	主机 A	192.168.8.100/24
2	Web 服务器	192.168.8.101/24

8.3　项 目 实 施

任务 8-1　HTTP 敏感信息的获取

(1) 搭建 Web 服务器，在主机 A 上使用浏览器访问 Web 服务器站点，如图 8-7 所示。

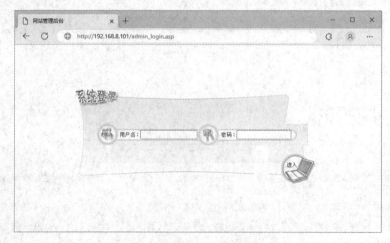

图 8-7　访问 Web 服务器站点

(2) 在主机 A 上运行 Wireshark，在浏览器中输入合法的用户名和密码登录 Web 网站后台。通过分析 Wireshark 捕获的流量可知，登录 Web 网站后台使用的用户名是 admin，密码是 123456，如图 8-8 所示。

图 8-8　捕获 HTTP 传输的用户名和密码

任务 8-2　HTTP 报文的捕获解析

本任务要完成 HTTP 报文的捕获解析，具体程序如下：

```
# encoding: utf-8
from scapy.all import *
import scapy_http.http
def printPacket(packet):
    if packet.haslayer('HTTP'):
        print("=============================")
        print(packet.payload.payload.payload.show())
# 第一层：packet，网卡数据，
# 第二层：packet.payload，IP 数据包
# 第三层：packet.payload.payload，TCP 数据包
# 第四层：packet.payload.payload.payload，HTTP 数据包
sniff(prn=printPacket)
```

代码运行结果如图 8-9 所示。

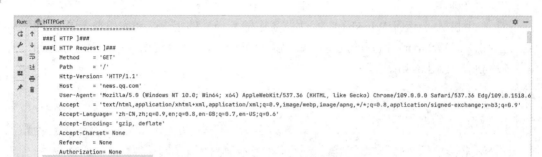

图 8-9 代码运行结果

小 结

HTTP 定义了 Web 客户端如何从 Web 服务器请求 Web 页面，以及服务器如何把 Web 页面传送给客户端。HTTP 采用了请求/响应模型。客户端向服务器发送一个请求报文。请求报文包括请求的方法、URL、协议版本、请求头部和请求数据。服务器以一个状态行作为响应。响应的内容包括协议的版本、成功或者错误代码、服务器信息、响应头部和响应数据。

练 习 题

1. HTTP 通信方式主要有(   )。

A. 点对点方式   B. 具有中间服务器方式

C. 缓存方式   D. 以上皆是

2. HTTP 工作在(   )。

A. 物理层   B. 网络层   C. 传输层   D. 应用层

3. 统一资源定位器的英文缩写为(   )。

A. http   B. URL   C. FTP   D. USENET

4. 下列关于 SSL 的观点，不正确的是(   )。

A. SSL 安全依靠服务器证书，每个网站可以使用相同的服务器证书

B. 证书依靠一对加密密钥(一个公钥和一个私钥)来确保安全，生成证书时，可以指定加密长度

C. SSL 连接的默认端口是 443

D. 键入 https://localhost，可以验证 Web 服务器上的 SSL 连接

5. SSL 不可保证信息的(   )。

A. 真实性   B. 不可抵赖性   C. 完整性   D. 保密性

项目 9　应用层协议 HTTPS

9.1　项目知识准备

　　HTTPS(Hypertext Transfer Protocol Secure)是以安全为目标的 HTTP 通道，在 HTTP 的基础上通过传输加密和身份认证保证了传输过程的安全性。HTTPS 在 HTTP 的基础上加入 SSL，HTTPS 的安全基础是 SSL，因此加密的详细内容就需要 SSL。HTTPS 采用不同于 HTTP 的默认端口及一个加密/身份验证层(在 HTTP 与 TCP 之间)，它提供了身份验证与加密通信方法，被广泛用于万维网上安全敏感的通信，如交易支付等。

9.1.1　HTTPS 的应用场景

　　网络上传输的数据非常容易被非法用户窃取，SSL 采用在通信两方之间建立加密通道的方法保证传输数据的机密性。

　　所谓加密通道，是指发送方在发送数据前使用加密算法和加密密钥对数据进行加密，然后将数据发送给对方。接收方接收到数据后，利用解密算法和解密密钥从密文中获取明文。没有解密密钥的第三方无法将密文恢复为明文，这样就保证了传输数据的机密性。

　　加解密算法分为以下两类：

　　(1) 对称密钥算法：数据加密和解密时使用同样的密钥(DES、3DES、TDEA、Blowfish、RC5、IDEA)。

　　(2) 非对称密钥算法：数据加密和解密时使用不同的密钥，一个是公开的公钥，另一个是由用户保管的私钥(RSA、Elgamal、背包算法、Rabin、D-H、ECC)。

　　利用公钥(或私钥)加密的数据用对应的私钥(或公钥)才能解密。

9.1.2　双向信任关系与密钥交换

　　双向信任关系的建立如图 9-1 所示。

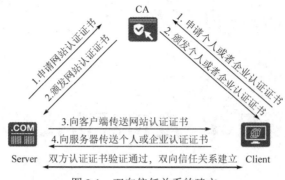

图 9-1　双向信任关系的建立

密钥交换的基本过程如图 9-2 所示。

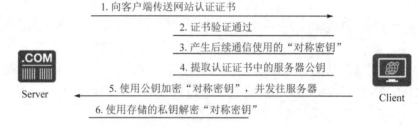

图 9-2　密钥交换的基本过程

9.1.3　SSL 的工作流程

1. SSL 协议实现的安全机制

(1) 传输数据的机密性：利用对称密钥算法对传输的数据进行加密。

(2) 身份验证机制：基于证书利用数字签名方法对 Server 和 Client 进行身份验证，其中 Client 的身份验证是可选的。

(3) 消息完整性验证：消息传输过程中使用 MAC(Message Authentication Codes)算法来检验消息的完整性。

2. SSL 握手的三种情况

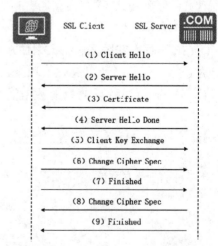

(1) 仅验证 Server 的 SSL 握手过程。

(2) 验证 Server 和 Client 的 SSL 握手过程。

(3) 恢复原有会话的 SSL 握手过程。

仅验证 Server 的 SSL 握手过程如图 9-3 所示。

仅仅须要验证 SSL Server 身份，不需要验证 SSL Client 身份时，SSL 的握手过程为：

(1) SSL Client 通过 Client Hello 消息将它支持的 SSL 版本号、加密算法、密钥交换算法、MAC 算法等信息发送给 SSL Server。

(2) SSL Server 确定本次通信采用的 SSL 版本号和加密套件，并通过 Server Hello 消息通知给 SSL

图 9-3　仅验证 Server 的 SSL 握手过程

Client。假设 SSL Server 同意 SSL Client 在以后的通信中重用本次会话，则 SSL Server 会为本次会话分配会话 ID，并通过 Server Hello 消息发送给 SSL Client。

(3) SSL Server 将携带自己公钥信息的数字证书通过 Certificate 消息发送给 SSL Client。

(4) SSL Server 发送 Server Hello Done 消息，通知 SSL Client 版本号和加密套件协商结束，开始进行密钥交换。

(5) SSL Client 验证 SSL Server 的证书合法后，利用证书中的公钥加密 SSL Client 随机生成的 premaster secret，并通过 Client Key Exchange 消息发送给 SSL Server。

(6) SSL Client 发送 Change Cipher Spec 消息，通知 SSL Server 兴许报文将采用协商好的密钥和加密套件进行加密和 MAC 计算。

(7) SSL Client 计算已交互的握手消息(除 Change Cipher Spec 消息外，全部已交互的消息)的 Hash 值，利用协商好的密钥和加密套件处理 Hash 值(计算并加入 MAC 值、加密等)，并通过 Finished 消息发送给 SSL Server。SSL Server 利用相同的方法计算已交互的握手消息的 Hash 值，并与 Finished 消息的解密结果比较，假设二者相同且 MAC 值验证成功，则证明密钥和加密套件协商成功。

(8) 同样的，SSL Server 发送 Change Cipher Spec 消息，通知 SSL Client 兴许报文将采用协商好的密钥和加密套件进行加密和 MAC 计算。

(9) SSL Server 计算已交互的握手消息的 Hash 值，利用协商好的密钥和加密套件处理 Hash 值(计算并加入 MAC 值、加密等)，并通过 Finished 消息发送给 SSL Client。SSL Client 利用相同的方法计算已交互的握手消息的 Hash 值，并与 Finished 消息的解密结果比较，如果二者相同且 MAC 值验证成功，则证明密钥和加密套件协商成功。

SSL Client 接收到 SSL Server 发送的 Finished 消息后。如果解密成功，则能够推断 SSL Server 是数字证书的拥有者，即 SSL Server 身份验证成功，由于仅仅只有拥有私钥的 SSL Server 才能从 Client Key Exchange 消息中解密得到 premaster secret，从而间接地实现了 SSL Client 对 SSL Server 的身份验证。

验证 Server 和 Client 的 SSL 握手过程如图 9-4 所示。

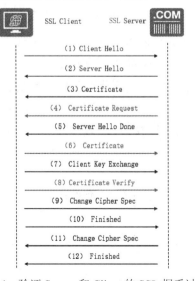

图 9-4　验证 Server 和 Client 的 SSL 握手过程

SSL Client 的身份验证是可选的，由 SSL Server 决定是否验证 SSL Client 的身份。

假设 SSL Server 验证 SSL Client 身份，则 SSL Server 和 SSL Client 除了交互"仅验证 Server 的 SSL 握手过程"中的消息协商密钥和加密套件外，还需要进行下面操作：

(1) SSL Server 发送 Certificate Request 消息，请求 SSL Client 将其证书发送给 SSL Server，对应于图 9-4 中的第(4)步。

(2) SSL Client 通过 Certificate 消息将携带自己公钥的证书发送给 SSL Server，SSL Server 验证该证书的合法性，对应于图 9-4 中的第(6)步。

(3) SSL Client 计算已交互的握手消息、主密钥的 Hash 值。利用自己的私钥对其进行加密，并通过 Certificate Verify 消息发送给 SSL Server，对应于图 9-4 中的第(8)步。

(4) SSL Server 计算已交互的握手消息、主密钥的 Hash 值。利用 SSL Client 证书中的公钥解密 Certificate Verify 消息，并将解密结果与计算出的 Hash 值比较。如果两者相同，则 SSL Client 身份验证成功，对应于图 9-4 中的第(12)步。

恢复原有会话的 SSL 握手过程如图 9-5 所示。

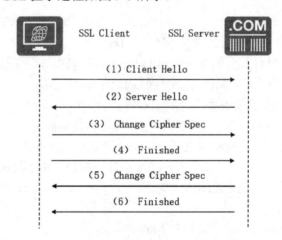

图 9-5　恢复原有会话的 SSL 握手过程

协商会话参数、建立会话的过程中，需要使用非对称密钥算法来加密密钥，验证通信对端的身份，计算量较大，占用了大量的系统资源。

为了简化 SSL 握手过程，SSL 同意重用已经协商过的会话，详细过程为：

(1) SSL Client 发送 Client Hello 消息，消息中的会话 ID 设置为计划重用的会话的 ID。

(2) SSL Server 假设同意重用该会话，则通过在 Server Hello 消息中设置同样的会话 ID 来应答。这样，SSL Client 和 SSL Server 就能够利用原有会话的密钥和加密套件。不必又一次协商。

(3) SSL Client 发送 Change Cipher Spec 消息，通知 SSL Server 报文将采用原有会话的密钥和加密套件进行加密和 MAC 计算。

(4) SSL Client 计算已交互的握手消息的 Hash 值，利用原有会话的密钥和加密套件处理 Hash 值，并通过 Finished 消息发送给 SSL Server，以便 SSL Server 推断密钥和加密套件是否正确。

(5) 同样的，SSL Server 发送 Change Cipher Spec 消息，通知 SSL Client 报文将采用原有会话的密钥和加密套件进行加密和 MAC 计算。

(6) SSL Server 计算已交互的握手消息的 Hash 值，利用原有会话的密钥和加密套件处理 Hash 值，并通过 Finished 消息发送给 SSL Client，以便 SSL Client 推断密钥和加密套件是否正确。

9.2 项目设计与准备

1. 项目设计

使用 1 台 Windows 10 虚拟机，1 台 Windows Server 2012 虚拟机，HTTP 分析网络拓扑结构如图 9-6 所示。

PC   Web Server

图 9-6　HTTP 分析网络拓扑结构

2. 项目准备

TCP/IP 详细参数配置如表 9-1 所示。

表 9-1　TCP/IP 详细参数配置表

设备名称	IP 地址	子网掩码
PC	192.168.88.100	255.255.255.0
Web Server	192.168.88.10	255.255.255.0

9.3 项目实施

任务 9-1　证书服务器的安装与配置

本任务要完成证书服务器的安装与配置，具体步骤如下：

(1) 在 Web Server 上打开服务器管理器，如图 9-7 所示。

图 9-7   服务器管理器

(2) 添加角色和功能，点击下一步按钮，如图 9-8 所示。

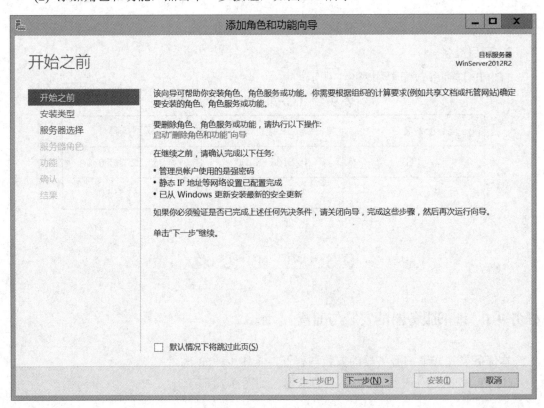

图 9-8   开始之前

(3) 选择基于角色和功能的安装，点击下一步按钮，如图 9-9 所示。

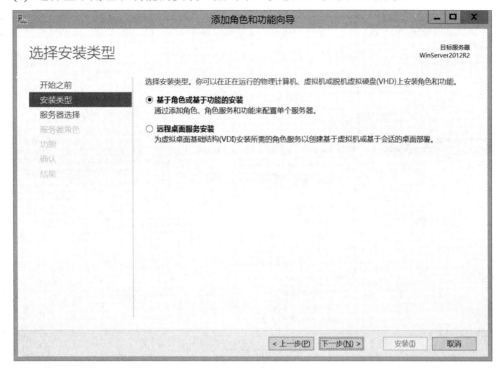

图 9-9　安装类型

(4) 从服务器池中选择服务器，默认本机，点击下一步按钮，如图 9-10 所示。

图 9-10　服务器选择

(5) 选择 Active Directory 域服务并且添加默认功能，如图 9-11 和图 9-12 所示。

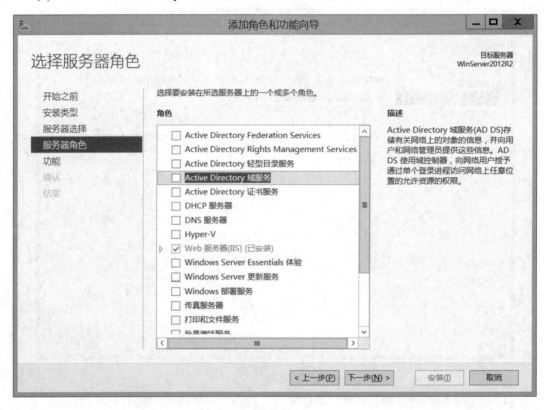

图 9-11　服务器角色

图 9-12　添加功能

(6) 点击下一步按钮，如图 9-13 所示。

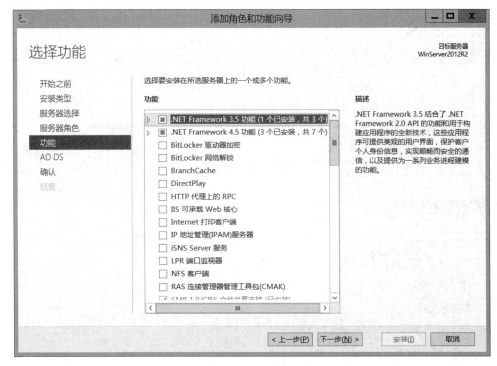

图 9-13　功能

(7) 点击下一步按钮后，在确认界面点击安装按钮，如图 9-14 所示。

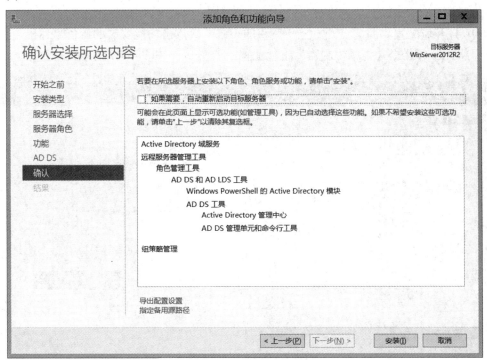

图 9-14　确认安装

(8) 安装成功，准备配置，如图 9-15 所示。

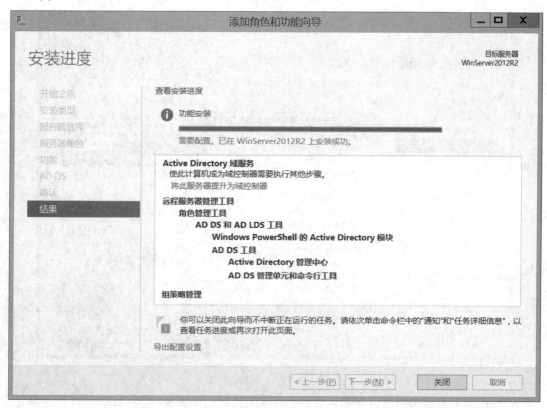

图 9-15　安装成功

(9) 打开域配置界面，点开右上角黄色的小旗子，点击功能安装的蓝色字体出现界面，选择"将此服务器提升为域控制器"进行配置，如图 9-16 和图 9-17 所示。

图 9-16　配置域服务器

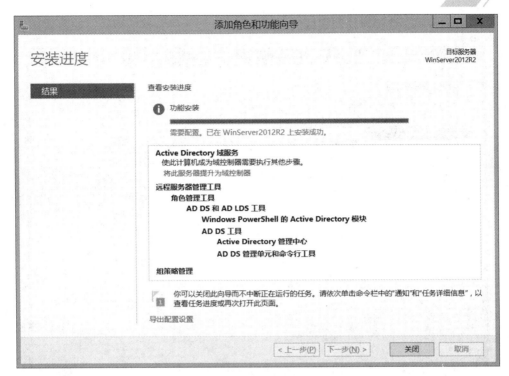

图 9-17　安装成功

(10) 选择添加新林，根域名设成 test.com，如图 9-18 所示。

图 9-18　添加新林

(11) 设置密码，选择新林和根域的功能级别，一般为服务器的型号，如图 9-19 所示。

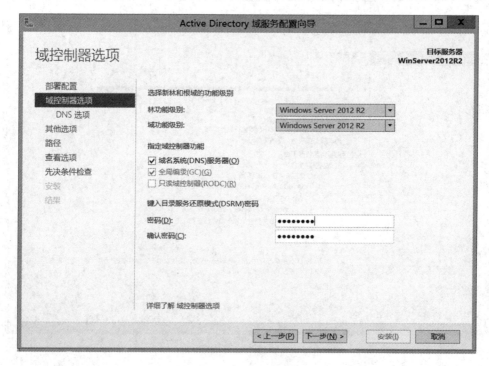

图 9-19   设置密码

(12) 设置 DNS 选项，点击下一步按钮，在后续安装过程中会默认自动安装 DNS 服务器，如图 9-20 所示。

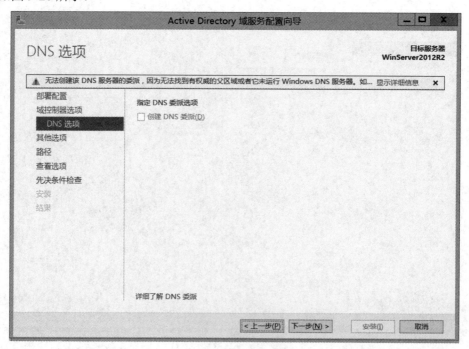

图 9-20   DNS 选项

(13) 设置 NetBIOS 域名为"TEST",点击下一步按钮,如图 9-21 所示。

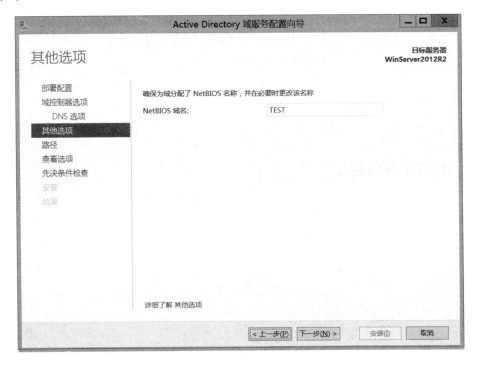

图 9-21　其他选项

(14) AD DS 数据库、日志文件和 SYSVOL 采用默认设置,点击下一步按钮,如图 9-22 所示。

图 9-22　路径

(15) 查看选项，点击下一步按钮，从查看脚本中，可以看到脚本中会自动安装前面没有安装的 DNS，如图 9-23 所示。

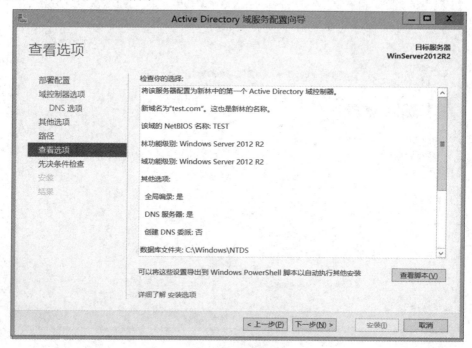

图 9-23　查看选项

(16) 先决条件检查无误，点击下一步按钮进行安装，如图 9-24 所示。

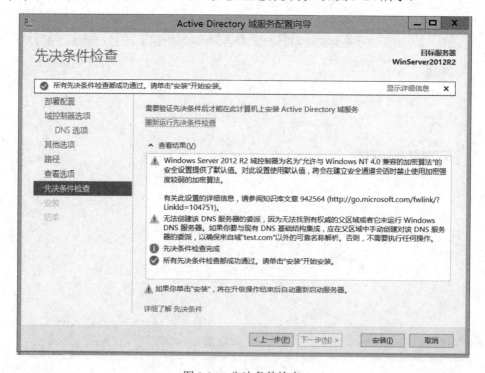

图 9-24　先决条件检查

(17) 安装配置。这里安装需要一段时间，配置完成后主机自动重启，重启过程中会更新配置，如图 9-25 所示。

图 9-25　自动重启

(18) 操作系统重启完成后，在服务管理器中打开"DNS 管理器"窗口，如图 9-26 所示。

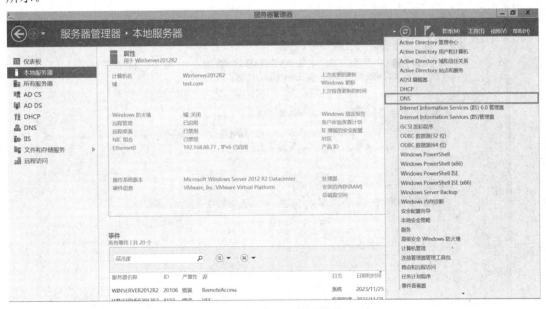

图 9-26　打开 DNS 管理器窗口

(19) 在打开的"DNS 管理器"窗口中选择"WinServer2012R2.test.com"，在弹出的右键菜单中选择"配置 DNS 服务器"，打开"DNS 服务器配置向导"窗口，如图 9-27 所示。

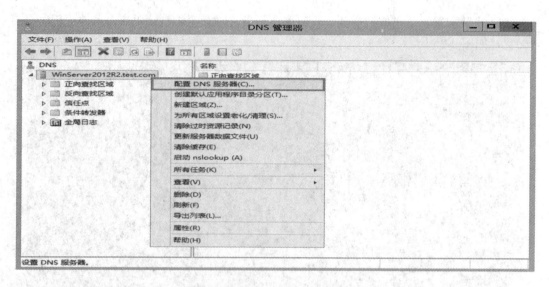

图 9-27   DNS 服务器配置向导

(20) 创建正向查找区域，点击下一步按钮，如图 9-28 所示。

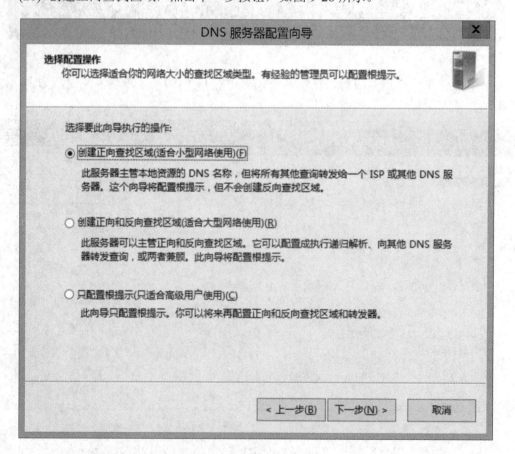

图 9-28   创建正向查找区域

(21) 选择这台服务器维护该区域，点击下一步按钮，如图 9-29 所示。

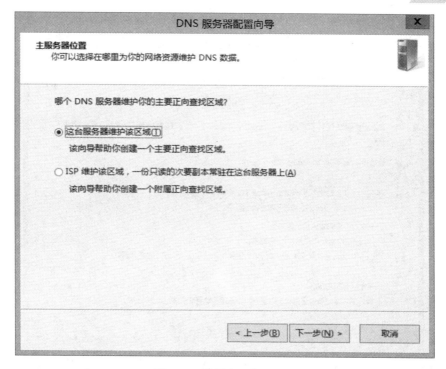

图 9-29 设置主服务器位置

(22) 在区域名称中输入"test.com",点击下一步按钮,如图 9-30 所示。

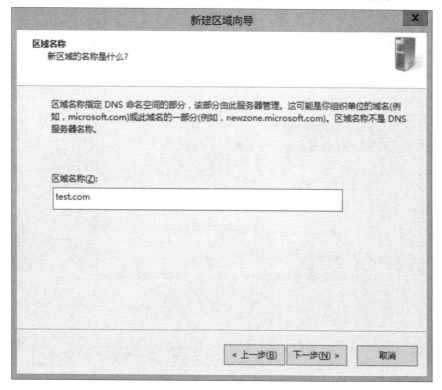

图 9-30 设置区域名称

(23) 选择"只允许安全的动态更新",点击下一步按钮,如图 9-31 所示。

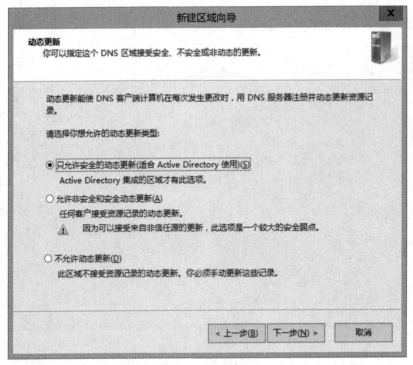

图 9-31　动态更新设置

(24) 选择"否,不应转发查询",点击下一步按钮,如图 9-32 所示。

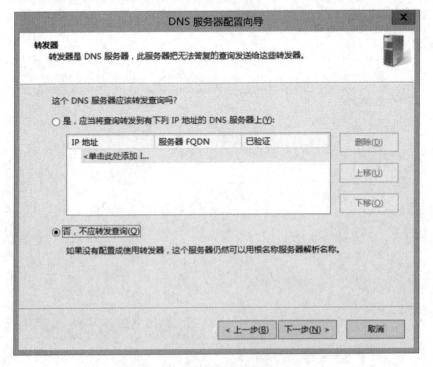

图 9-32　设置转发器

(25) 点击完成按钮，完成 DNS 服务器配置向导，如图 9-33 所示。

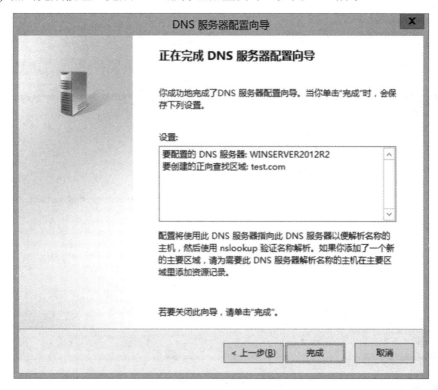

图 9-33　完成 DNS 服务器配置向导

(26) 打开"新建主机"窗口，设置名称为"www"，设置 IP 地址为"192.168.88.10"，点击添加主机按钮，如图 9-34 所示。

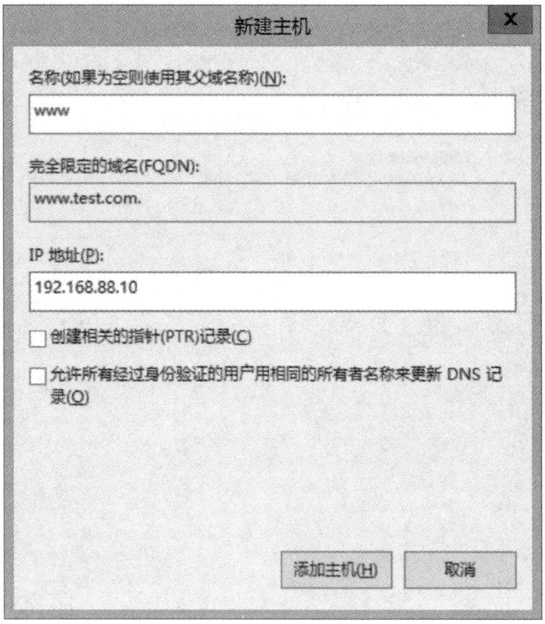

图 9-34　新建主机

(27) 配置 AD 证书服务器，打开"添加角色和功能向导"窗口，点击下一步按钮，如图 9-35 所示。

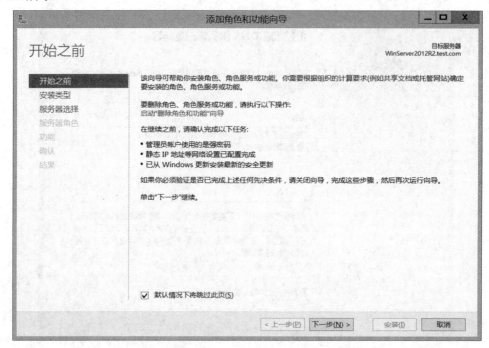

图 9-35　添加角色和功能向导

(28) 选择"基于角色或基于功能的安装"，点击下一步按钮，如图 9-36 所示。

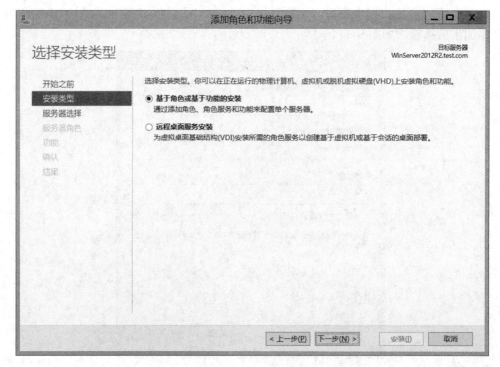

图 9-36　设置安装类型

(29) 选择"从服务器池中选择服务器",点击下一步按钮,如图 9-37 所示。

图 9-37　服务器选择

(30) 选择"Active Directory 证书服务",如图 9-38 所示。

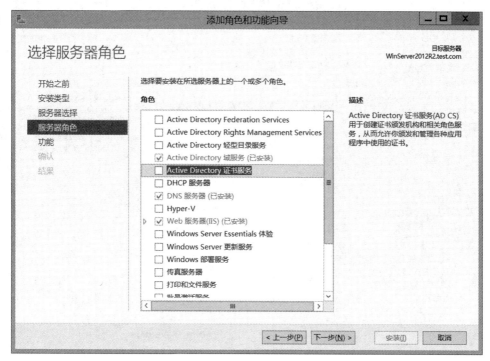

图 9-38　服务器角色

(31) 点击添加功能按钮，如图 9-39 所示。

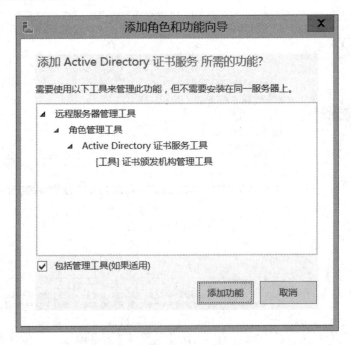

图 9-39　添加功能

(32) 在功能界面点击下一步按钮，如图 9-40 所示。

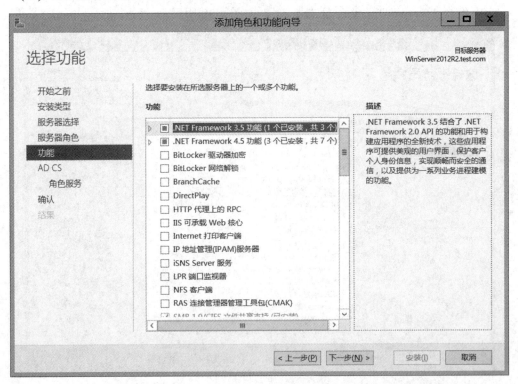

图 9-40　功能选择

(33) 角色服务选择"证书颁发机构""证书颁发机构 Web 注册""证书注册策略 Web 服务",如图 9-41 所示。

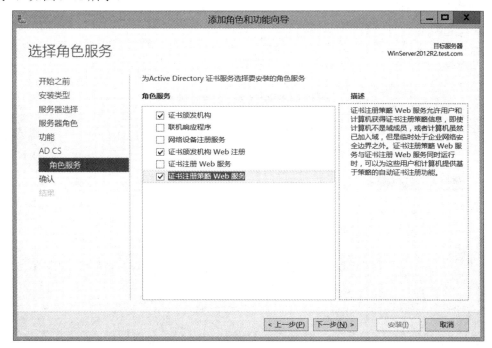

图 9-41　角色服务

(34) 点击下一步按钮,如图 9-42 所示。

图 9-42　开始安装

(35) 安装成功，如图 9-43 所示。

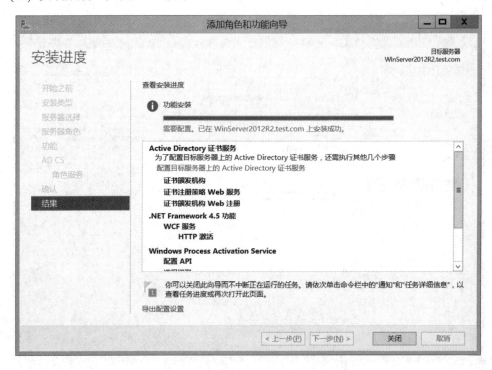

图 9-43　安装成功

(36) 点击图 9-43 界面上的"配置目标服务器上的 Active Directory 证书服务"，在弹出的"AD CS 配置"界面上点击下一步按钮，如图 9-44 所示。

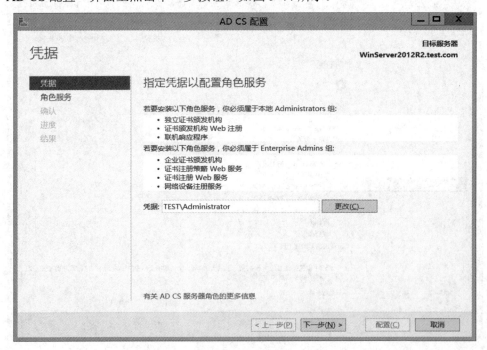

图 9-44　凭据

(37) 角色服务选择"证书颁发机构""证书颁发机构 Web 注册""证书注册策略 Web 服务",点击下一步按钮,如图 9-45 所示。

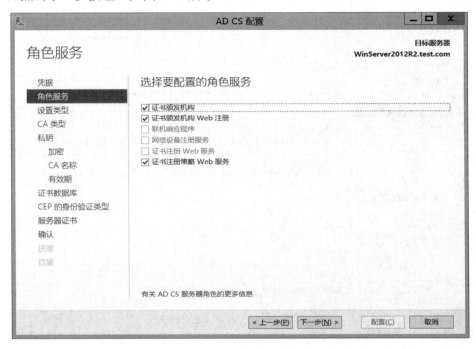

图 9-45　角色服务

(38) 指定类型为"企业 CA",点击下一步按钮,如图 9-46 所示。

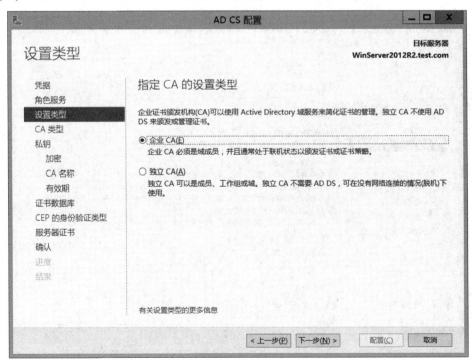

图 9-46　设置类型

(39) CA 类型选择默认"根 CA",点击下一步按钮,如图 9-47 所示。

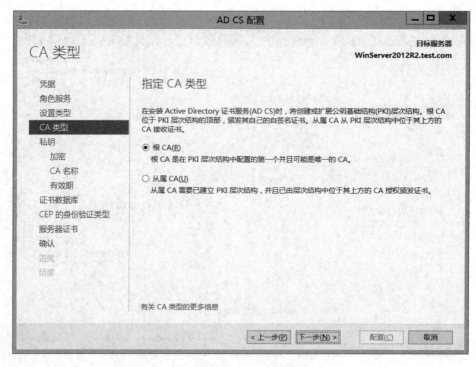

图 9-47   CA 类型

(40) 私钥类型选择"创建新的私钥",点击下一步按钮,如图 9-48 所示。

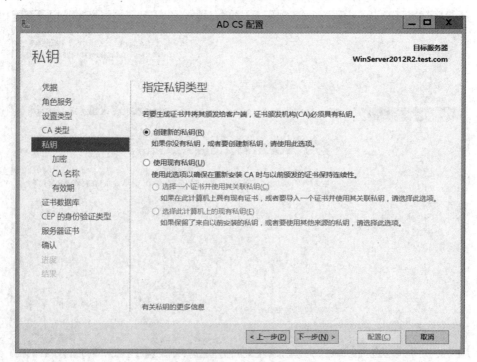

图 9-48   指定私钥类型

(41) 选择默认 SHA1 加密算法,当前计算的 2048 为密钥长度,点击下一步按钮,如图 9-49 所示。

图 9-49　加密选项

(42) 指定 CA 名称为默认,点击下一步按钮,如图 9-50 所示。

图 9-50　指定 CA 名称

(43) 选择有效期默认为 5 年，点击下一步按钮，如图 9-51 所示。

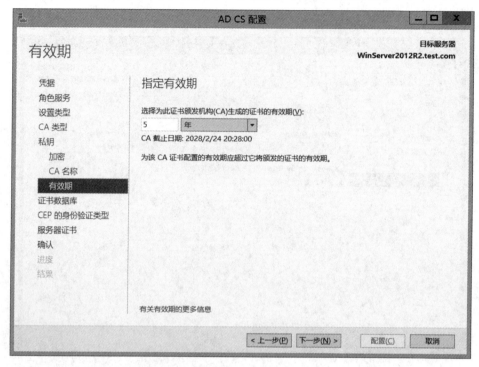

图 9-51   有效期

(44) 指定数据库位置保持默认，点击下一步按钮，如图 9-52 所示。

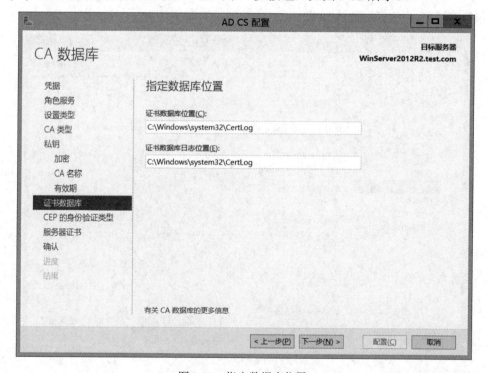

图 9-52   指定数据库位置

(45) 选择 CEP 身份验证类型，默认下一步，如图 9-53 所示。

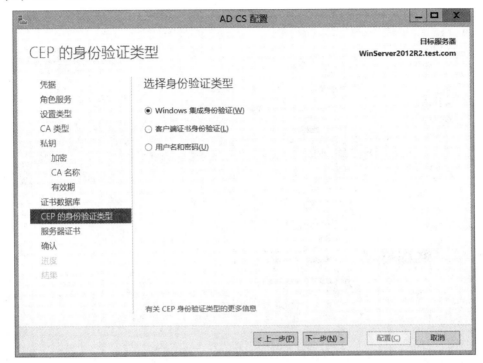

图 9-53　CEP 的身份验证类型

(46) 为 SSL 加密选择现有证书，如图 9-54 所示。

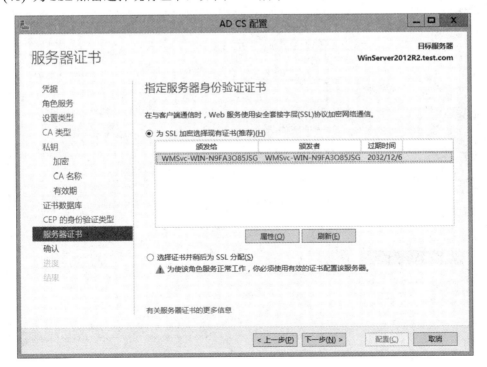

图 9-54　服务器证书

(47) 确认，开始配置，如图 9-55 和图 9-56 所示。

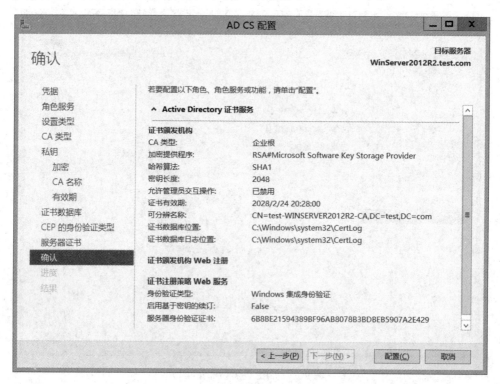

图 9-55　确认

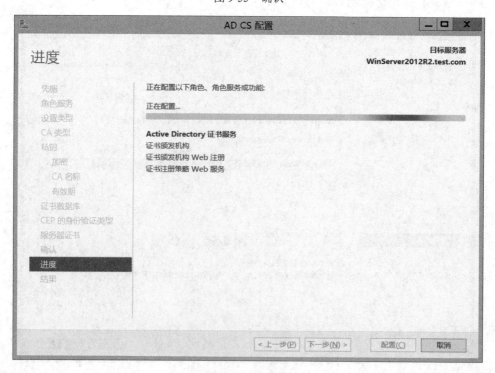

图 9-56　开始配置

(48) 配置成功，如图 9-57 所示。

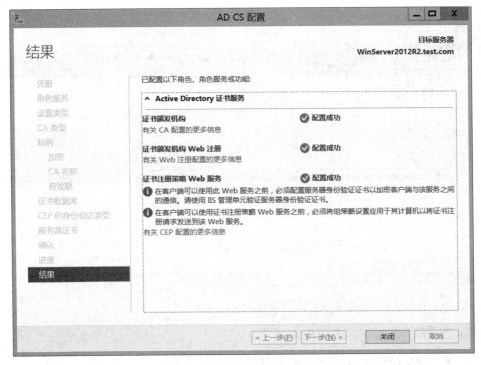

图 9-57　配置成功

(49) 此时，CA 证书服务安装配置成功，可以在 IIS 上面添加证书并开始测试。在主界面右上角工具栏中打开证书颁发机构，可以看到里面存在证书模板这一项，表示配置成功如图 9-58 所示。

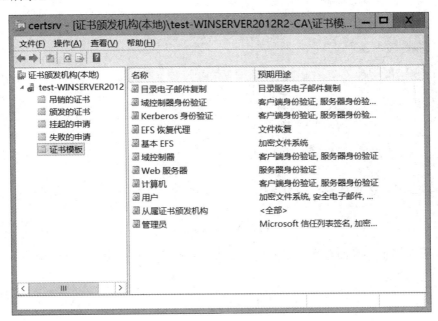

图 9-58　证书模板

(50) 在 IIS 中添加签名证书，在工具栏中打开 IIS 管理器，如图 9-59 所示。

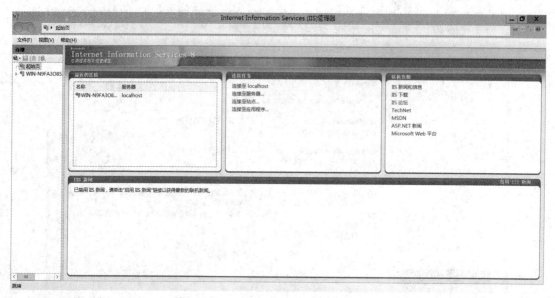

图 9-59　IIS 管理器

(51) 选择服务器证书，如图 9-60 所示。

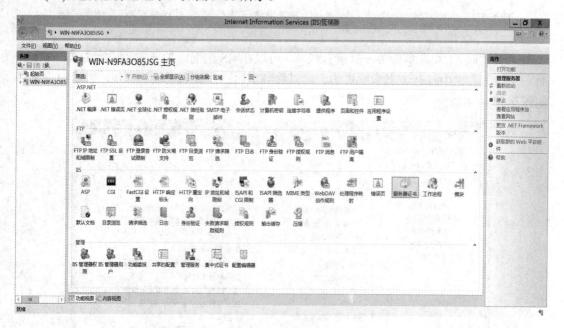

图 9-60　服务器证书

(52) 在申请证书界面输入必要的证书信息，点击下一步按钮，如图 9-61 所示。

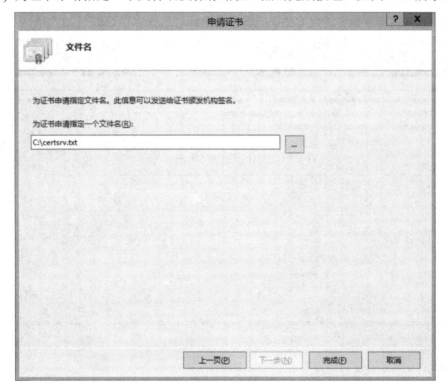

图 9-61　申请证书

(53) 为证书申请指定一个文件名及保存路径，点击完成按钮，如图 9-62 所示。

图 9-62　路径

(54) 查看 certsrv.txt 文件，如图 9-63 所示。

图 9-63 文本内容

(55) 在 Web 浏览器中访问 CA 证书服务器地址，选择"申请证书"，如图 9-64 所示。

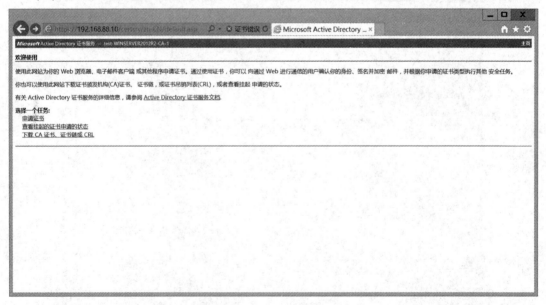

图 9-64 访问 CA 证书服务器

(56) 选择"高级证书申请"，如图 9-65 所示。

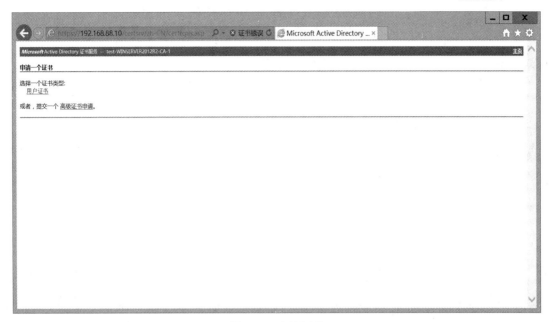

图 9-65　申请证书

(57) 选择"使用base64编码的CMC或PKCS #10文件提交一个证书申请,或使用base64编码的 PKCS #7 文件续订证书申请",如图 9-66 所示。

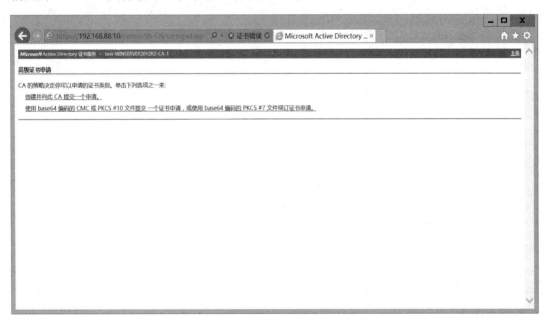

图 9-66　高级申请证书

(58) 在"保存的申请"中输入证书请求文件 certsrv.txt 文件中的内容,证书模板选择"WEB 服务器",点击"提交"按钮,如图 9-67 所示。

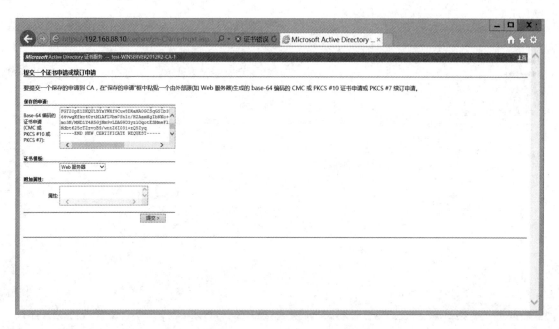

图 9-67   提交一个证书申请

(59) 在证书已颁发页面点击"下载证书"按钮对证书文件进行保存，如图 9-68 所示。

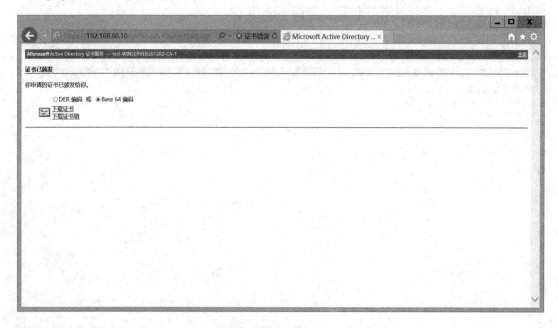

图 9-68   证书颁发

(60) 在 Web 服务中双击保存的证书文件并进行证书的导入，选择存储位置为"本地计算机"，如图 9-69 所示。

图 9-69 证书导入向导

(61) 证书存储选择"根据证书类型，自动选择证书存储"，点击下一步按钮，如图 9-70 所示。

图 9-70 证书导入向导

(62) 在"正在完成证书导入向导"页面，点击完成按钮完成证书的导入，如图 9-71 所示。

图 9-71   证书导入向导

(63) 在 IIS 网站绑定界面为 Web 服务器，选择 SSL 证书为"www.test.com"，如图 9-72 所示。

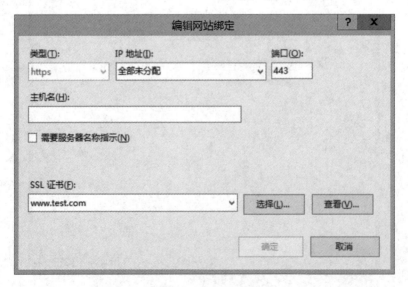

图 9-72   编辑网站绑定

任务 9-2　HTTPS 数据分析

本任务要完成 HTTPS 数据分析，具体步骤如下：

(1) 在 PC 上运行 Wireshark 软件，在左下角的 Select Networks 列表中选择"本地连接"接口，如图 9-73 所示。

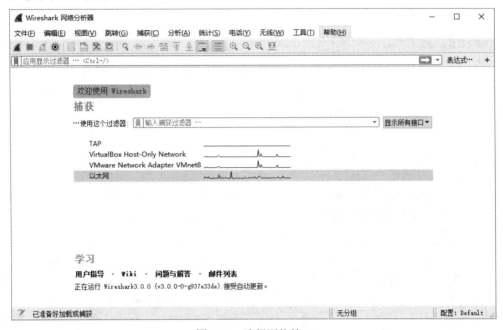

图 9-73　选择网络接口

(2) 在 PC 上使用 IE 浏览器打开"https://www.test.com"网站，在网页中输入用户名：admin，密码：123456，单击进入按钮，如图 9-74 所示。

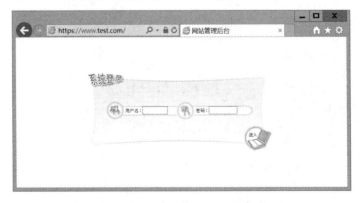

图 9-74　客户端访问 Web 服务器

(3) 由于捕获到的数据帧内容较多，而我们只关心与 HTTP 有关的数据帧，因此我们需要通过过滤器对这些捕获的数据进行筛选。

在分组列表窗口中 HTTP 数据包之前有 3 条 TCP 数据包，这 3 条 TCP 数据包为客户端与服务器之间的 3 次握手连接，如图 9-75 所示。

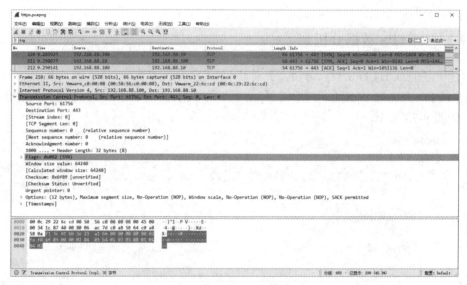

图 9-75   TCP 三次握手

(4) 在 3 次握手协议后是 4 条 SSL 协议，这 4 条报文为握手阶段，需要协商密码组、身份验证、数据通信过程中使用的方式，如图 9-76 所示。

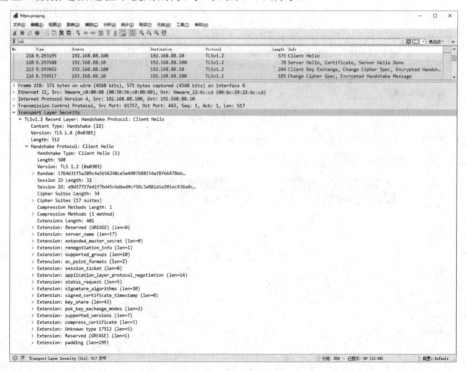

图 9-76   SSL 握手阶段

(5) 选择第 1 条由 192.168.88.100 发往 192.168.88.10 的数据包，在分组详情窗口中，可以看到客户端向服务器发送的客户 SSL 版本号为 "TLSV 1.2"、握手类型为 "Client Hello"、随机数(1764d31f5a389c4a5b56240ce5e4907b88154af8f66478ebf29161d0f70bc0d3)、会话 ID、客户支持的密码算法列表(TLS Cipher Suite)和客户支持的压缩算法列表，如图 9-77 所示。

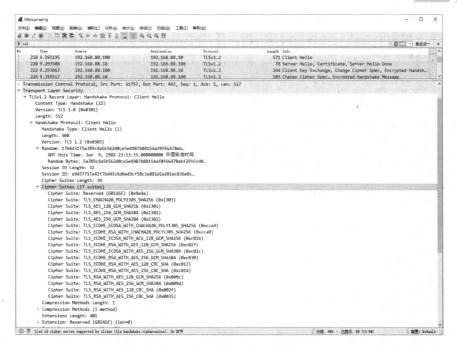

图 9-77　SSL 握手阶段第 1 阶段

（6）选择第 2 条由 192.168.88.10 发往 192.168.88.100 的数据包，在分组详情窗口中，可以看到服务器向客户端发送服务器的 SSL 版本号"TLSV 1.2"、握手类型"Server Hello"、从客户信息中选择的加密算法和压缩算法，另外，服务器也发送自己的证书证明身份，如图 9-78 所示。

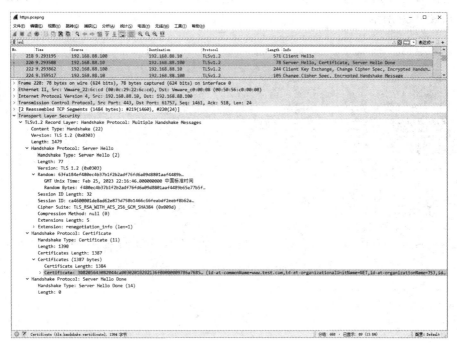

图 9-78　SSL 握手阶段第 2 阶段

（7）选择第 3 条由 192.168.88.100 发往 192.168.88.10 的数据包，在分组详情窗口中，可以看到客户端向服务器发送客户 SSL 版本号为"TLSV 1.2"、握手类型为"Client Key Exchange"、发送"Change Cipher Spec"消息，如图 9-79 所示。

图 9-79   SSL 握手阶段第 3 阶段

（8）选择第 4 条由 192.168.88.10 发往 192.168.88.100 的数据包，在分组详情窗口中，可以看到客户端向服务器发送客户 SSL 版本号"TLSV 1.2"、服务器发送此消息表明支持 Cipher Change Spec，后面的握手消息(Encrypted Handshake Message)使用服务器的密钥加密，至此握手过程完成，客户端和服务器端建立起一个安全的连接，用此连接传输应用层数据，如图 9-80 所示。

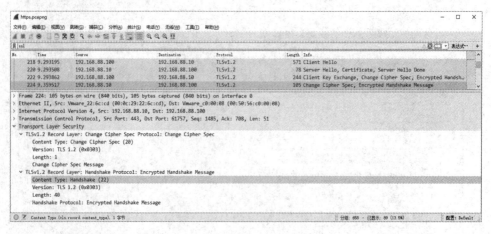

图 9-80   SSL 握手阶段第 4 阶段

小   结

相比于 HTTP，HTTPS 具有以下优点：

(1) 使用 HTTPS 协议可认证用户和服务器，确保数据发送到正确的客户机和服务器；

(2) HTTPS 协议是由 SSL+HTTP 构建的可进行加密传输、身份认证的网络协议，要比HTTP 安全，可防止数据在传输过程中被窃取、改变，确保数据的完整性；

(3) HTTPS 是现行架构下最安全的解决方案，虽然不是绝对安全，但它大幅增加了中间人攻击的成本。

与此同时，HTTPS 也具有以下缺点：

(1) 相同网络环境下，HTTPS 协议会使页面的加载时间延长近 50%，增加 10%到 20%的耗电。此外，HTTPS 协议还会影响缓存，增加数据开销和功耗；

(2) HTTPS 协议的安全是有范围的，在黑客攻击、拒绝服务攻击和服务器劫持等方面几乎起不到什么作用；

(3) 最关键的是，SSL 证书的信用链体系并不安全。特别是在某些国家可以控制 CA根证书的情况下，中间人攻击一样可行；

(4) 成本增加。部署 HTTPS 后，HTTPS 协议的工作要增加额外的计算资源消耗，例如SSL 协议加密算法和 SSL 交互次数将占用一定的计算资源和服务器成本。在大规模用户访问应用的场景下，服务器需要频繁地做加密和解密操作，几乎每一个字节都需要做加解密，这就产生了服务器成本。随着云计算技术的发展，数据中心部署的服务器使用成本在规模增加后逐步下降，相对于用户访问的安全提升，其投入成本已经下降到可接受程度。

练 习 题

1. 下列对于 HTTPS 协议的表述正确的是(　　)。

A. 可以抵御 DDoS 攻击

B. 必须使用 CA 机构颁发的证书才能发起请求

C. 数据在传输过程中是加密的

D. 基于非对称加密技术

2. 关于 HTTP 和 HTTPS 描述错误的是(　　)。

A. HTTPS 是加密传输协议，HTTP 是明文传输协议

B. HTTPS 需要用到 SSL 证书，而 HTTP 不需要

C. HTTPS 标准端口是 80，HTTP 标准端口是 443

D. HTTPS 的安全基础是 TLS/SSL

3. HTTPS 的默认端口是(　　)。

A. 445　　　　　　B. 8080　　　　　　C. 443　　　　　　D. 80

4. HTTPS 协议通过(　　)实现安全访问。

A. PGP　　　　　　B. SSL　　　　　　C. IPSec　　　　　　D. SET

5. HTTPS 协议位于网络的(　　)。

A. 网络层　　　　B. 应用层　　　　C. 传输层　　　　D. 数据链路层

项目 10　应用层协议 FTP

10.1　项目知识准备

10.1.1　FTP 的应用场景

在开发网站的时候，通常利用 FTP(File Transfer Protocol，文件传输协议)把网页或程序上传到 Web 服务器上。此外，由于 FTP 传输效率较高，因此当需要传输大文件时，一般也采用该协议。

FTP 是 TCP/IP 应用层协议之一。FTP 传输如图 10-1 所示。

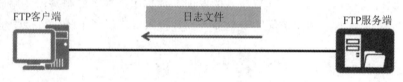

图 10-1　FTP 传输

FTP 包括两个组成部分：

(1) FTP 服务器；

(2) FTP 客户端。

其中，FTP 服务器用来存储文件；用户可以使用 FTP 客户端访问 FTP 服务器上的资源。FTP 提供了一种在服务器和客户机之间上传和下载文件的有效方式。

使用 FTP 传输数据时，需要在服务器和客户机之间建立控制连接和数据连接，如图 10-2 所示。

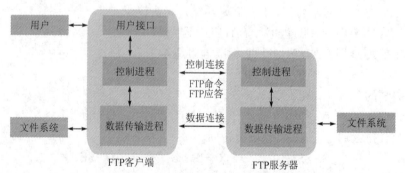

图 10-2　FTP 执行流程

10.1.2　FTP 的数据连接模式

FTP 的数据连接就是 FTP 传输数据的过程，它有两种工作模式。

1. 主动模式

在主动模式(PORT/standard)下，FTP 客户端随机开启一个大于 1024 的端口 N 向服务器的 21 号端口发起连接，发送 FTP 用户名和密码，然后开放 N+1 号端口进行监听，并向服务器发出 PORT N+1 命令，告诉服务端客户端采用主动模式并开放了端口。FTP 服务器接收到 PORT 命令后，会用其本地的 FTP 数据端口(通常是 20 号)来连接客户端指定的 N+1 号端口进行数据传输，如图 10-3 所示。

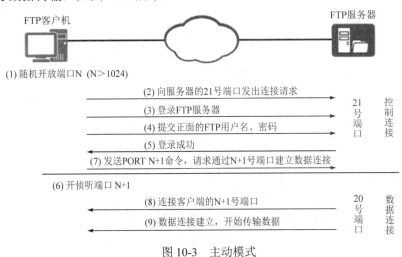

图 10-3　主动模式

2. 被动模式

在被动模式(PASV)下，FTP 客户端随机开启一个大于 1024 的端口 N 向服务器的 21 号端口发起连接，发送用户名和密码进行登录，同时会开启 N+1 号端口。然后向服务器发送 PASV 命令，通知服务器自己处于被动模式。服务器收到命令后，会开放一个大于 1024 的端口 P(端口 P 的范围是可以设置的)进行监听，然后用 PORT P 命令通知客户端自己的数据端口是 P。客户端收到命令后，会通过 N+1 号端口连接服务器的端口 P，然后在两个端口之间进行数据传输，如图 10-4 所示。

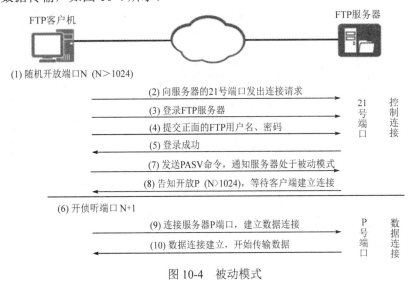

图 10-4　被动模式

主动模式传送数据时服务器连接到客户端的端口(客户端开启数据端口);被动模式传送数据时客户端连接到服务器的端口(服务器端开启数据端口)。

主动模式需要客户端给 FTP 服务器端开放端口。很多客户端在防火墙内,开放端口给 FTP 服务器访问比较困难。被动模式只需要服务器端给客户端连接开放端口即可,如果服务端在防火墙内,也需要做端口映射才行。

绝大部分互联网应用都采用被动模式,因为大部分客户端都是在路由器后面,没有独立的公网 IP 地址,服务器主动连接客户端的难度太大,这在真实的互联网环境里面几乎是不可能完成的任务。

在 FTP 服务器部署的时候,默认采用的是主动模式。如果企业 FTP 服务器的用户都在内部网络中,即不用向外部网络的用户提供 FTP 连接,那么采用默认的主动模式就可以。如果一些出差在外的员工或者员工在家庭办公时也需要访问企业内部的 FTP 服务器,此时出于安全的考虑或者公网 IP 地址数量的限制,企业往往会把 FTP 服务器部署在防火墙或者 NAT 服务器的后面,这种情况下主动模式就不行了。

10.1.3 FTP 的数据传输模式

FTP 的数据传输模式可以分为 ASCII 模式和二进制模式。

ASCII 模式:用于传输文本。发送端的字符在发送前被转换成 ASCII 码格式之后进行传输,接收端收到之后将其转换成字符。

二进制模式:常用于发送图片文件和程序文件。发送端在发送这些文件时无须转换格式。

10.1.4 FTP 的命令

FTP 中定义了许多 FTP 命令,用于登录 FTP 服务器,设置传输参数,浏览服务上的文件与目录列表,获取服务器上的文件,存储文件到服务器上,并管理服务器与客户端之间的文件传输过程。常用 FTP 命令如表 10-1 所示。

表 10-1 常用 FTP 命令

序　号	命　令	含　义
1	ABOR	中断数据连接程序
2	CDUP<dir path>	改变服务器上的父目录
3	CWD<dir path>	改变服务器上的工作目录
4	DELE<filename>	删除服务器上的指定文件
5	LIST<name>	列表显示文件或目录
6	MODE<mode>	传输模式(S 表示流模式,B 表示块模式,C 表示压缩模式)
7	MKD<directory>	在服务器上建立指定目录
8	PASS<password>	系统登录密码
9	PORT<address>	IP 地址和两字节的端口 ID
10	PWD	显示当前工作目录

序　号	命　令	含　义
11	QUIT	从 FIP 服务器上退出登录
12	REIN	重新初始化登录状态连接
13	REST\<offset\>	由特定偏移量重启文件传递
14	RETR\<filename\>	从服务器上找回(复制)文件
15	RMD\<directory\>	在服务器上删除指定目录
16	STRU\<directory\>	数据结构(F 表示文件，R 表示记录，P 表示页面)
17	STOR\<filename\>	存储(复制)文件到服务器上
18	SYST	返回服务器使用的操作系统
19	TYPE\<data type\>	数据类型(A 表示 ASCH，E 表示 EBCDIC，I 表示 binary)
20	USER\<username\>	系统登录的用户名

10.1.5　FTP 的报文结构

FTP 响应在客户端与服务器之间的控制连接上以 NVT ASCII 码形式传送，并在每行末尾以 CR-LF 标志行结束。

Code　　　　　SP　　　　　Text　　　　　CR-LF

(1) Code：3 位数字的应答码。应答码的含义如表 10-2 所示。

表 10-2　应答码的含义

序　号	应答码	含　义
1	0**	未定义
2	1**	肯定预备
3	2**	肯定完成，可以发送新命令
4	3**	肯定中介，期待下一命令
5	4**	暂态否定完成
6	5**	永久性否定完成
7	*0*	语法错
8	*1*	信息
9	*2*	连接
10	*3*	鉴别和记账
11	*4*	未指明
12	*5*	文件系统状态

(2) SP：空格。

(3) Text：提供给用户阅读的一行文本信息。

(4) CR-LF：行结束符。

在 Wireshark 中捕获的 FTP 用户登录过程中的服务器欢迎信息如图 10-5 所示。

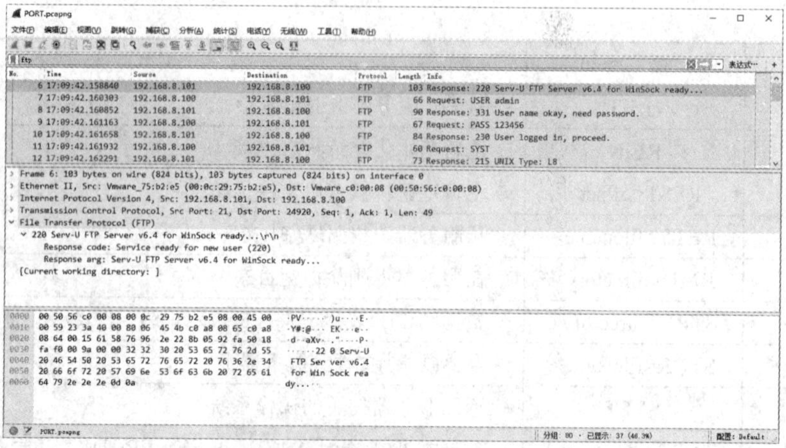

图 10-5　FTP 服务器欢迎信息

FTP 客户端提交用户名，如图 10-6 所示。

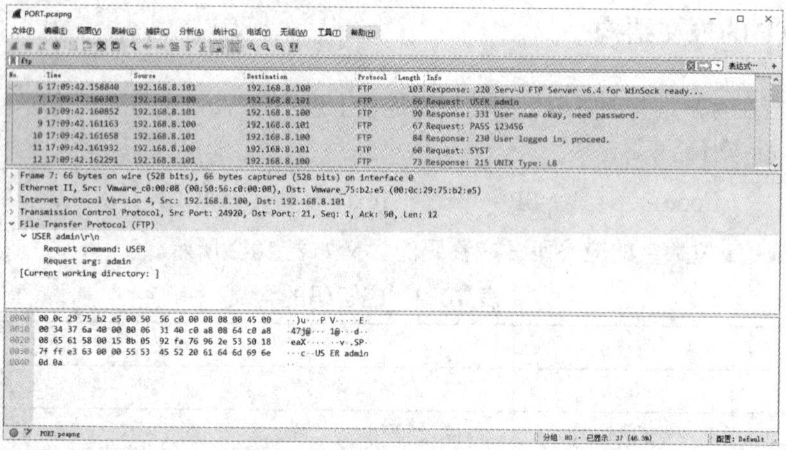

图 10-6　FTP 客户端提交用户名

FTP 服务器接收用户名，需要客户端提供密码，如图 10-7 所示。

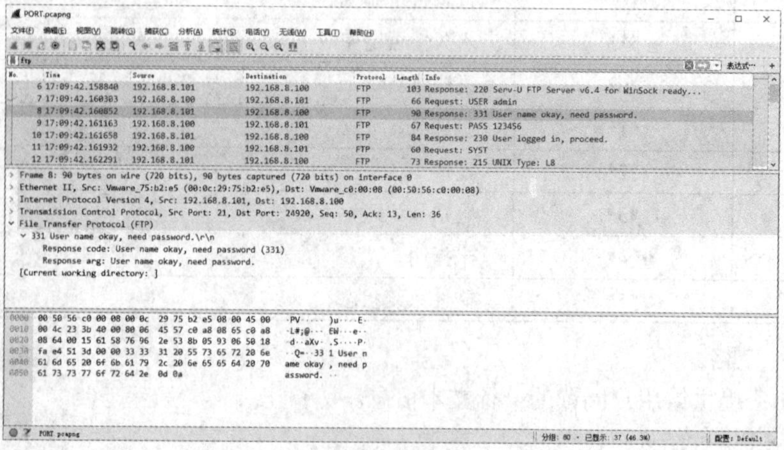

图 10-7　FTP 服务器接收用户名

FTP 客户端提交密码，如图 10-8 所示。

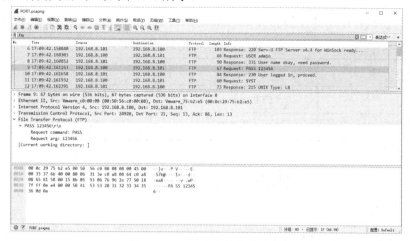

图 10-8　FTP 客户端提交密码

FTP 服务器反馈密码验证成功的提示，如图 10-9 所示。

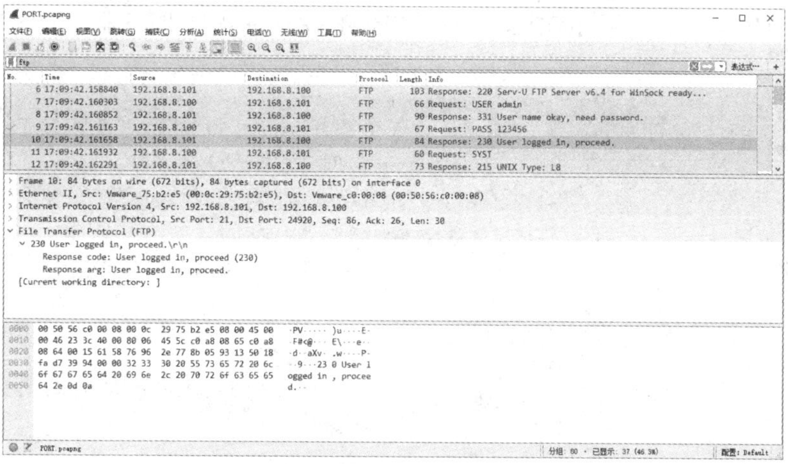

图 10-9　FTP 服务器反馈密码验证成功

10.2　项目设计与准备

1. 项目设计

熟悉并掌握 FTP 报文的结构，掌握 FTP 敏感信息的嗅探方法，其网络拓扑结构如图 10-10 所示。

FTP客户端　　　　　　　　　　　　　　　　　　　　FTP服务器

图 10-10　网络拓扑结构图

2. 项目准备

网络拓扑结构中涉及的设备的 IP 地址规划如表 10-3 所示。

表 10-3　IP 地址规划表

序　号	设备名称	IP 地址
1	FTP 客户端	192.168.8.102/24
2	FTP 服务器	192.168.8.100/24

10.3　项 目 实 施

任务 10-1　FTP 敏感信息的获取

本任务要完成 FTP 敏感信息的获取，具体步骤如下：

(1) 在 FTP 客户端开启 SniffPass，使用 FlashFXP 登录 FTP 服务器，如图 10-11 所示。

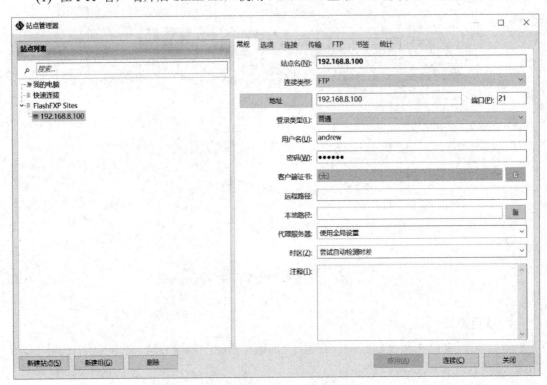

图 10-11　FTP 客户端登录

(2) 成功登录后，在 SniffPass 中可以嗅探到 FTP 客户端登录过程中使用的用户名和密码，如图 10-12 所示。

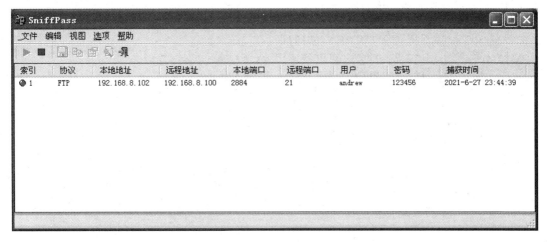

图 10-12 SniffPass 敏感信息嗅探

任务 10-2 FTP 报文的构造与发送

本任务要完成 FTP 报文的构造与发送，具体程序如下：

```
# encoding: utf-8
from scapy.all import *
def ftpsniff(pkt):
    dest = pkt.getlayer(IP).dst
    raw = pkt.sprintf('%Raw.load%')
    user = re.findall('(?i)USER (.*)', raw)
    pswd = re.findall('(?i)PASS (.*)', raw)
    if user:
        print('[+] Username: ' + str(user[0]))
    elif pswd:
        print('[+] Password: ' + str(pswd[0]))
def ftpsniffmain():
    conf.iface = conf.route.route("192.168.88.100")[0]
    try:
        print('FTP sniffer is running...')
        sniff(filter='tcp port 21', prn=ftpsniff)
    except KeyboardInterrupt:
        exit(0)
if __name__ == '__main__':
    ftpsniffmain()
```

代码运行结果如图 10-13 所示。

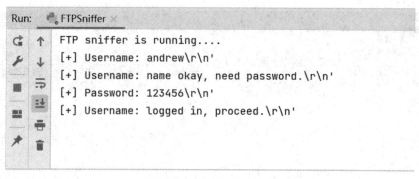

图 10-13　代码运行结果

小　　结

默认情况下，FTP 使用 TCP 端口中的 20 号和 21 号，其中 21 号用于传输控制信息，20 号用于传输数据。但是，是否使用 20 号作为传输数据的端口与 FTP 使用的工作模式有关。

如果采用主动模式，那么 FTP 服务器的数据传输端口就是 20 号；如果采用被动模式，则具体最终使用哪个端口由服务器端和客户端协商决定。

练　习　题

1. FTP 服务器端使用的数据端口是(　　)。

A. 20　　　　　　　B. 21　　　　　　　C. 22　　　　　　　D. 23

2. 下列说法正确的是(　　)。

A. FTP 可以基于 TCP，也可以基于 UDP

B. FTP 不仅提供文件传送的一些基本业务，还能提供其他附加业务

C. FTP 使用客户服务器模式

D. FTP 的控制连接和数据连接是合二为一的

3. 用户将文件从 FTP 服务器复制到自己计算机的过程称为(　　)。

A. 上传　　　　　　B. 下载　　　　　　C. 共享　　　　　　D. 打印

4. (　　)的 FTP 服务器不要求用户在访问它们时提供用户账户和密码。

A. 匿名　　　　　　B. 独立　　　　　　C. 共享　　　　　　D. 专用

5. 匿名登录用于下载公共文件，以下(　　)为匿名登录时使用的用户名。

A. everyone　　　　B. anonymous　　　C. user　　　　　　D. shm

项目 11   应用层协议 DHCP

11.1   项目知识准备

11.1.1   DHCP 的应用场景

在大型企业网络中，会有大量的主机或设备需要获取 IP 地址等网络参数。如果采用手工配置，工作量大且不好管理，如果有用户擅自修改网络参数，还有可能会造成 IP 地址冲突等问题。使用 DHCP(Dynamic Host Configuration Protocol，动态主机配置协议)来分配 IP 地址等网络参数信息，可以减少管理员的工作量，避免用户手工配置网络参数时造成的地址冲突等问题。DHCP 服务器能够为大量主机分配 IP 地址，并能够集中管理，如图 11-1 所示。

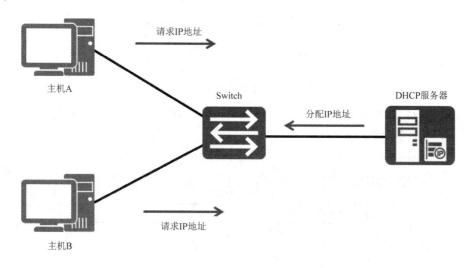

图 11-1   DHCP 执行流程

11.1.2   DHCP 的报文类型

DHCP 工作在应用层，下层使用 UDP。DHCP Server 使用 67 号端口，DHCP Client 使用 68 号端口。DHCP 报文类型如表 11-1 所示。

表 11-1　DHCP 报文类型

序号	报文类型	含　　义
1	DHCP Discover	客户端用来寻找 DHCP 服务器
2	DHCP Offer	服务器用来响应 DHCP Discover 报文，携带了各种配置信息
3	DHCP Request	客户端请求配置确认，或者续借租期
4	DHCP ACK	服务器对 Request 报文的确认响应
5	DHCP NAK	服务器对 Request 报文的拒绝响应
6	DHCP Release	客户端要释放地址时用来通知服务器

DHCP 客户端在申请 IP 地址过程中，常见的四种 DHCP 报文运行流程如图 11-2 所示。

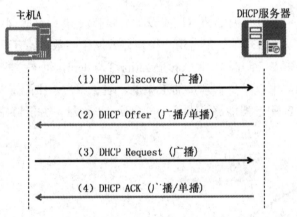

图 11-2　DHCP 报文运行流程

DHCP 涉及的八种报文格式是相同的，不同类型的报文只是报文中的某些字段的取值不同，其报文格式如图 11-3 所示。

OP （报文操作类型）	Htype （硬件地址类型）	Hlen （硬件地址长度）	Hops （中继数目）
Xid（请求标识）			
Secs（消耗时间）		Flags（标志位）	
Ciaddr（客户端IP地址）			
Yiaddr（分配给客户端的IP地址）			
Siaddr（下一个DHCP服务器IP地址）			
Giaddr（第一个中继地址）			
Chaddr（客户端MAC地址）			
Sname（服务器名字）			
File（启动配置文件）			
Option（可选字段）			

图 11-3　DHCP 报文格式

在 Wireshark 中捕获的 DHCP Discover 报文如图 11-4 所示。

图 11-4　DHCP Discover 报文

在 Wireshark 中捕获的 DHCP Offer 报文如图 11-5 所示。

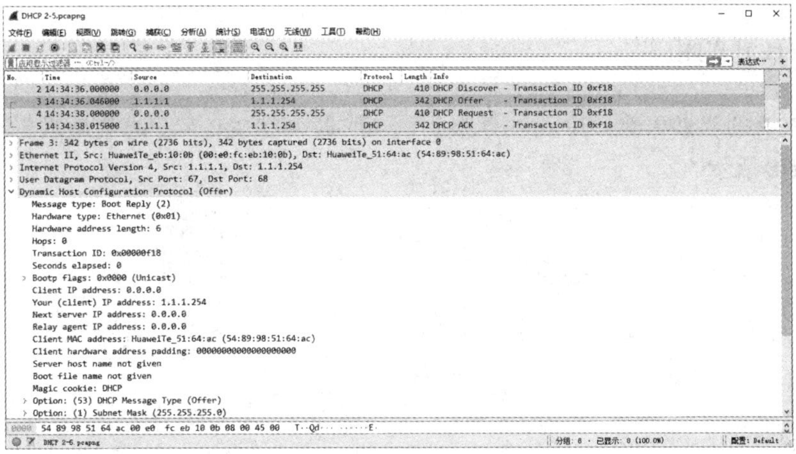

图 11-5　DHCP Offer 报文

在 Wireshark 中捕获的 DHCP Request 报文如图 11-6 所示。

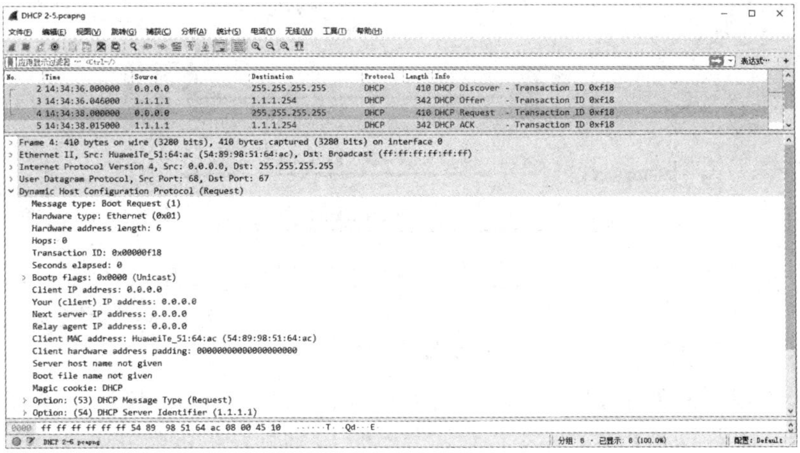

图 11-6　DHCP Request 报文

在 Wireshark 中捕获的 DHCP ACK 报文如图 11-7 所示。

图 11-7　DHCP ACK 报文

11.1.3　DHCP 的租期

(1) DHCP 的租期更新：IP 租约期限到达 50% 时，DHCP 客户端会请求更新 IP 地址租约，如图 11-8 所示。

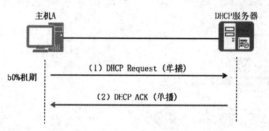

图 11-8　50%租约

(2) DHCP 重绑定：DHCP 客户端在租约期限到达 87.5% 时，还没收到 DHCP 服务器响应，会申请重绑定 IP，如图 11-9 所示。

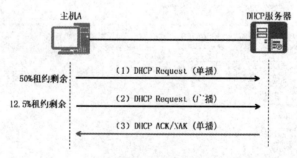

图 11-9　87.5%租约

(3) IP 地址释放：如果 IP 租约到期前都没有收到 DHCP 服务器响应，客户端将停止使用此 IP 地址。如果 DHCP 客户端不再使用分配的 IP 地址，也可以主动向 DHCP 服务器发送 DHCP Release 报文，释放该 IP 地址，如图 11-10 所示。

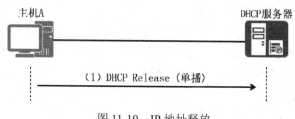

图 11-10　IP 地址释放

11.1.4　DHCP 的攻击

根据上述 DHCP 工作原理及报文结构特点，可以从以下两个方面进行漏洞利用：

(1) 运行 DHCP 的服务器与客户端之间默认没有采用认证机制，即客户端与服务器都无法验证对方的身份，这就给恶意攻击者实施攻击带来便利。

(2) 由于 DHCP 下层使用不可靠的 UDP 来进行传输，而 UDP 是一种无连接的、不可靠的传输层协议，在网络会话过程中没有报文时序控制机制，恶意攻击者在构造基于 UDP 的虚假 DHCP 报文时无需考虑报文的时序问题。

综上所述，运行 DHCP 的网络存在一定的安全隐患。若该网络中存在恶意用户，向网络中发送虚假的 DHCP 报文，则接收该错误报文的客户端则会无法正常获取到正确的 IP 地址，有可能造成无法正常连接网络，更有甚者会造成信息的丢失或泄露，给用户造成一定的损失。

常见的 DHCP 攻击方式主要有以下三种：

1. DHCP 饥饿攻击利用

DHCP 饥饿攻击采取的攻击思路是攻击者持续大量地向 DHCP Server 申请 IP 地址，直到耗尽 DHCP Server 地址池中的 IP 地址，使 DHCP Server 无法再给 DHCP Client 分配 IP 地址。正常 DHCP 客户端给 DHCP Server 发送的 DHCP Discover 报文中有一个 Chaddr 字段，该字段由 DHCP 客户端填写，用来表明客户端的硬件地址(MAC 地址)，DHCP Server 根据 Chaddr 的字段值为客户端分配 IP 地址，即不同的 Chaddr 值会分配不同的 IP 地址。由于 DHCP Server 无法识别 Chaddr 的合法性，攻击者可以不断地改变 Chaddr 字段的值，来冒充不同的 Client 来申请 IP 地址，致使 DHCP Server 中 IP 地址池枯竭，从而达到攻击的目的，如图 11-11 所示。

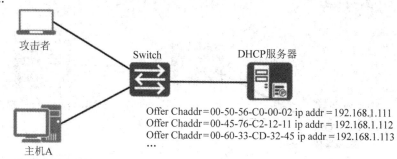

图 11-11　DHCP 饥饿攻击利用

2. DCHP Server 仿冒者攻击利用

DHCP Server 仿冒者攻击利用的思路是攻击者在网络中将自己伪装成一台 DHCP Server，它的工作原理和合法的 DHCP Server 一样，网络中的 DHCP Client 无法验证 DHCP Server 发送报文的合法性，如果 DHCP Client 第一个接收到的是仿冒 DHCP Server 发送的 DHCP 报文，DHCP Client 将会获得错误的 IP 地址参数，导致 DHCP Client 无法正常连接网络。网络中存在两个 DHCP Server，攻击者是否能够攻击成功，让 DHCP Client 获得错误的 IP 地址信息，取决于 DHCP Client 收到的第一个 DHCP Offer 报文是否由仿冒的 DHCP Server 所发出的。为了提高攻击成功的概率，在攻击者仿冒 DHCP Server 的同时，可以对合法 DHCP Server 发起 DoS 攻击，使得合法 DHCP Server 无法正常发送 DHCP Offer 报文，如图 11-12 所示。

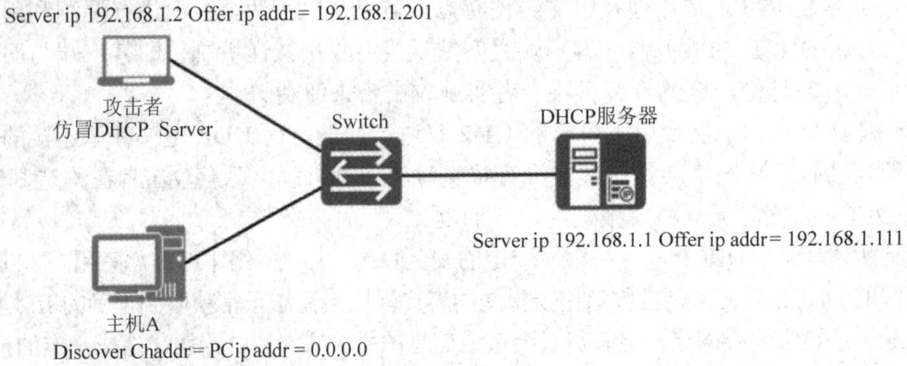

Server ip 192.168.1.2 Offer ip addr = 192.168.1.201

攻击者
仿冒DHCP Server

Switch

DHCP服务器

Server ip 192.168.1.1 Offer ip addr = 192.168.1.111

主机A
Discover Chaddr = PCip addr = 0.0.0.0

图 11-12　DCHP Server 仿冒者攻击利用

3. DCHP 中间人攻击利用

DHCP 中间人攻击利用的思路是攻击者利用 ARP 欺骗机制，让 DHCP Client 错误地学习到 DHCP Server 的 IP 地址与攻击者的 MAC 地址的映射关系，让 DHCP Server 错误地学习到 DHCP Client 的 IP 地址与攻击者的 MAC 地址的映射关系，成功欺骗后 DHCP Client 与 DHCP Server 之间的 IP 数据包都经过攻击者，攻击者可以对经过的数据包进行截获和篡改。通过对 DHCP Client 与 DHCP Server 实施 ARP 欺骗，使得攻击者成为这两者之间 IP 数据包传输的中间人，攻击者可以很容易窃取到两者之间 IP 数据包的信息，通过对 IP 数据包的篡改或其他破坏行为，从而达到攻击 DHCP Server 的目的，如图 11-13 所示。

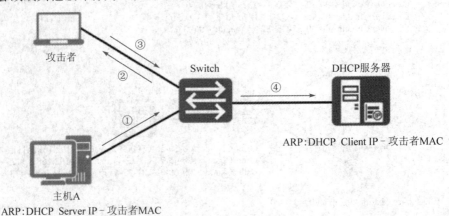

攻击者

③
②

Switch

④

DHCP服务器

①

ARP：DHCP Client IP‐攻击者MAC

主机A
ARP：DHCP Server IP‐攻击者MAC

图 11-13　DCHP 中间人攻击利用

11.1.5　DHCP 的攻击防御

1. DHCP 饥饿攻击防御

在交换机的端口下启用 DHCP Snooping，对 DHCP Request 报文中的源 MAC 地址与 Chaddr 字段值进行检查，如果一致则交换机转发报文，如果不一致则交换机丢弃报文。

[Huawei]dhcp snooping enable

[Huawei]int e0/0/1

[Huawei-Ethernet0/0/1]dhcp snooping enable

[Huawei-Ethernet0/0/1]dhcp snooping check dhcp-chaddr enable

2. DHCP Server 仿冒者攻击防御

将与合法 DHCP Server 相连的交换机端口配置为信任端口，交换机从该信任端口接收到 DHCP 报文后会正常转发，从而保证合法的 DHCP Server 能正常分配 IP 地址等参数信息，而从其他非信任端口接收到的 DHCP 报文，交换机会直接丢弃，不再转发。

[Huawei]int e0/0/1

[Huawei-Ethernet0/0/1]dhcp snooping trusted

3. DHCP 中间人攻击防御

在交换机上启用 ARP 与 DHCP Snooping 的联动功能来防止中间人攻击。

[Huawei] arp dhcp-snooping-detect enable

11.2　项目设计与准备

1. 项目设计

熟悉并掌握 DHCP 服务器的搭建，DHCP 报文的结构，其网络拓扑结构如图 11-14 所示。

图 11-14　网络拓扑结构图

2. 项目准备

网络拓扑结构中涉及的设备的 IP 地址规划如表 11-2 所示。

表 11-2　IP 地址规划表

序　　号	设备名称	接　　口	IP 地址
1	DHCP 客户端	Ethernet 0/0/1	自动获取
2	DHCP 服务器	G0/0/0	1.1.1.1/24

11.3   项 目 实 施

任务 11-1   DHCP 服务的搭建

本任务要完成 DHCP 服务的搭建，具体步骤如下：

(1) DHCP 服务器上配置以下命令。

```
<Huawei>sys
[Huawei]dhcp enable
[Huawei]ip pool pool1
Info: It's successful to create an IP address pool.
[Huawei-ip-pool-pool1]network 1.1.1.0 mask 24
[Huawei-ip-pool-pool1]gateway-list 1.1.1.1
[Huawei-ip-pool-pool1]dns-list 114.114.114.114
[Huawei-ip-pool-pool1]lease day 10
[Huawei-ip-pool-pool1]quit
[Huawei]interface GigabitEthernet0/0/0
[Huawei-GigabitEthernet0/0/0]dhcp select global
```

(2) 在主机 A 的 Ethernet 0/0/1 接口上设置成自动获取 IP，如图 11-15 所示。

图 11-15   DHCP 客户端自动获取 IP

(3) 在 DHCP 服务器上查看 DHCP 分配情况。

```
[Huawei]display ip pool
  ----------------------------------------------------------
  Pool-name        : pool1
  Pool-No          : 0
```

Position	: Local	Status	: Unlocked

Gateway-0　　　: 1.1.1.1

Mask　　　　　: 255.255.255.0

VPN instance　: --

IP address Statistic

　Total　　　:253

　Used　　　:1　　　　Idle　　　:252

　Expired　:0　　　Conflict　:0　　　Disable　:0

任务 11-2　DHCP 报文的构造与发送

本任务要完成 DHCP 报文的构造与发送，具体程序如下：

```
# encoding: utf-8
from scapy.all import *
import optparse
def HexToByte( hexStr ):
    return bytes.fromhex(hexStr)
def send_dhcp_discover():
    try:
        spiface = conf.route.route("192.168.88.128")[0]
        rand_mac_address = RandMAC()._fix()
        ch_rand_mac_address = HexToByte(rand_mac_address.replace(':', ''))
        dhcp_discover_packet = Ether(src=rand_mac_address, dst='ff:ff:ff:ff:ff:ff') / IP(src='0.0.0.0',dst='255.255.255.255')/UDP(sport=68,
dport=67)/BOOTP(chaddr=ch_rand_mac_address)/DHCP(options=[("message-type", 'discover'),
"end"])
        sendp(dhcp_discover_packet,verbose=False, iface=spiface)
        print("[+] " + " DHCP Discover Using MAC :", rand_mac_address)
    except:
        pass
def main():
    send_dhcp_discover()
if __name__ == '__main__':
    main()
```

代码运行结果如图 11-16 所示。

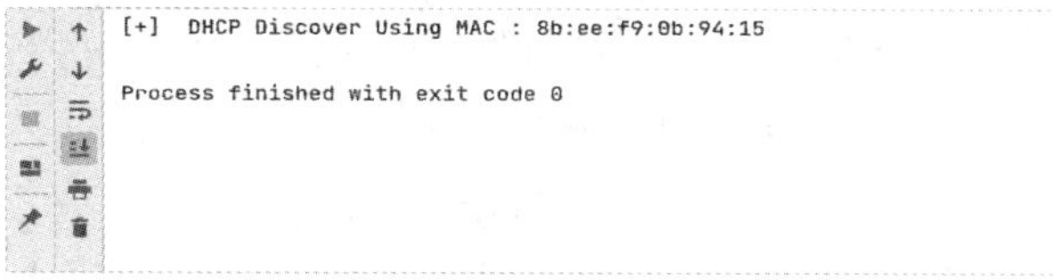

图 11-16　代码运行结果

使用 Wireshark 捕获的 DHCP Discover 报文如图 11-17 所示。

图 11-17   Wireshark 捕获的 DHCP Discover 报文

小   结

DHCP 通常被应用在大型的局域网络环境中，主要作用是集中管理、分配 IP 地址，使网络环境中的主机动态地获得 IP 地址、网关地址、DNS 服务器地址等信息，并能够提升地址的使用率。

运行 DHCP 的服务器与客户端之间默认没有采用认证机制，即客户端与服务器都无法验证对方的身份，这就给恶意攻击者实施攻击带来了便利。

练 习 题

1. BOOTP/DHCP 服务器的 UDP 端口号为(   )。

A. 52   B. 53   C. 67   D. 68

2. DHCP 支持(   )类型的地址分配。

A. 自动分配   B. 动态分配   C. 手工分配   D. 以上皆是

3. BOOTP/DHCP 客户端的 UDP 端口号为(   )。

A. 52   B. 53   C. 67   D. 68

4. TCP/IP 中，(   )协议是用来进行 IP 地址自动分配的。

A. ARP   B. NFS   C. DHCP   D. DNS

5. DHCP 客户端释放已获得 IP 地址的命令是(   )。

A. ipconfig/release   B. rarp

C. ipconfig/all   D. ipconfig/renew

项目 12　综合应用案例

12.1　项目知识准备

DNS(Domain Name System，域名系统)是互联网的一项服务。它作为将域名和 IP 地址相互映射的一个分布式数据库，能够使人更方便地访问互联网。DNS 使用 UDP 端口 53。当前，对于每一级域名长度的限制是 63 个字符，域名总长度则不能超过 253 个字符。

专用网内部的一些主机本来已经分配到了本地 IP 地址(即仅在本专用网内使用的专用地址)，当这些主机想和因特网上的主机通信(并不需要加密)时，可使用网络地址转换(Network Address Translation，NAT)方法。这种方法需要在专用网(私网 IP)连接到因特网(公网 IP)的路由器上安装 NAT 软件。装有 NAT 软件的路由器叫作 NAT 路由器，它至少有一个有效的外部全球 IP 地址(公网 IP 地址)。这样所有使用本地地址(私网 IP 地址)的主机在和外界通信时都要在 NAT 路由器上将其本地地址转换成全球 IP 地址。

这种使用少量的全球 IP 地址(公网 IP 地址)代表较多的私有 IP 地址的方式，有助于减缓可用的 IP 地址空间的枯竭。

12.2　项目设计与准备

1. 项目设计

通过使用软件抓包，分析 DNS、FTP 报文结构，理解 NAT、DNS、FTP 通信过程。

使用 1 台 Windows 10 主机和 1 台 Windows Server 2012 虚拟机，NAT Server 左侧连接的网络使用私网地址，NAT Server 右侧两个网络使用公网地址，DNS Server 的 IP 地址为 "218.2.135.1"，FTP Server 使用的域名为 "72163.ftpdo.com"，其网络拓扑结构如图 12-1 所示。

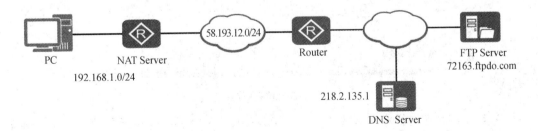

图 12-1　网络拓扑结构

2. 项目准备

详细参数配置如表 12-1 所示。

表 12-1　详细参数配置表

设备名称	IP 地址	子网掩码	网　关	DNS 服务器
PC	192.168.1.10	255.255.255.0	192.168.1.100	218.2.135.1
NAT Server	192.168.1.100	255.255.255.0		218.2.135.1
	58.193.12.94	255.255.255.128	58.193.12.1	218.2.135.1

12.3　项目实施

任务 12-1　路由和远程访问的配置

本任务要完成路由和远程访问的配置，具体步骤如下：

(1) 依据网络拓扑结构在各设备上配置相应的 IP 地址，在"命令提示符"中使用 ping 命令测试 PC、NAT　Server 之间的私网的连通性，确保 PC、NAT Server 相互都能 ping 通。

(2) 在 NAT　Server 上配置 NAT 服务。在 NAT Server 上单击开始单→控制面板→系统和安全→管理工具，双击路由和远程访问菜单，打开路由和远程访问窗口，如图 12-2 所示。

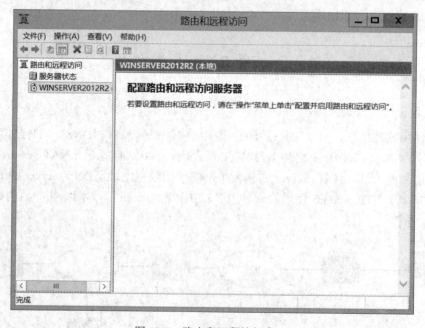

图 12-2　路由和远程访问窗口

(3) 在左侧区域选择本地服务器，如"WINSERVER2012R2"，右击，在弹出的快捷菜单中选择配置并启用路由和远程访问，打开路由和远程访问服务器安装向导对话框，单击下一步按钮，如图 12-3 所示。

图 12-3 路由和远程访问服务器安装向导对话框

(4) 选择网络地址转换单选框，单击下一步按钮，如图 12-4 所示。

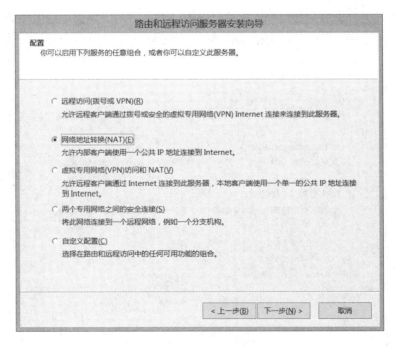

图 12-4 选择网络地址转换

(5) 在使用此公共接口连接到 Internet 列表框中选择配置了公网地址的网络接口，如
"Ethernet1"，单击下一步按钮，如图 12-5 所示。

图 12-5   路由和远程访问服务器安装向导对话框

(6) 选择启用基本的名称和地址服务单选框，单击下一步按钮，如图 12-6 所示。

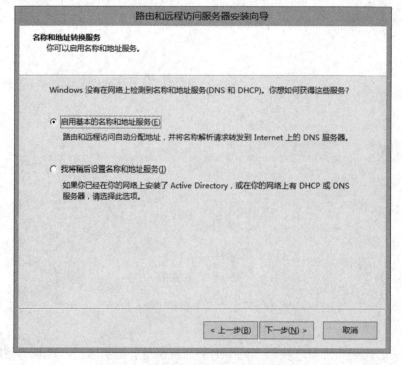

图 12-6   选择启用基本的名称和地址服务

(7) 页面显示网络地址为"192.168.1.0"，单击下一步按钮，如图 12-7 所示。

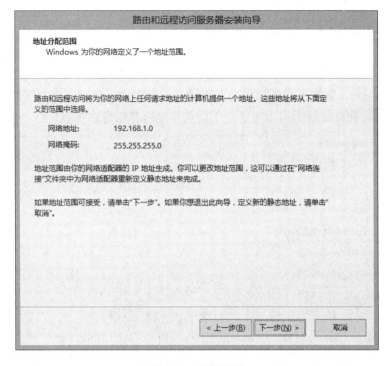

图 12-7　网络地址

(8) 查看路由和远程访问服务器的摘要信息，单击完成按钮，结束 NAT 服务的配置，如图 12-8 所示。

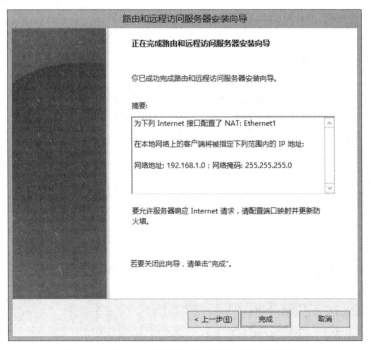

图 12-8　路由和远程服务访问服务器的摘要信息

任务 12-2   清除 DNS 缓存信息

本任务要完成清除 DNS 缓存信息，具体步骤如下：

(1) 在 PC 上，运行 Wireshark 软件，点击捕获，在 PC 和 DNS Server 上，使用 "ipconfig /flushdns" 命令来清除本地 DNS 缓存信息，当出现 "已成功刷新 DNS 解析缓存" 的提示时，如图 12-9 所示，表明当前计算机的缓存信息已经被成功清除，下次继续访问名时，会到 DNS 服务器上获取最新的解析地址，不会从本地缓存信息中提取。

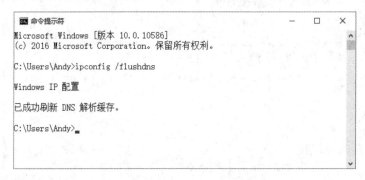

图 12-9   清除本地 DNS 缓存信息

(2) 打开 PC 的计算机窗口，在地址栏中输入 ftp://72163.ftpdo.com，弹出登录身份对话框，在用户名文本框中输入 "andrewx"，在密码文本框中输入 "abc12345670"，单击登录按钮，将显示 FTP 站点上的内容，如图 12-10 所示。

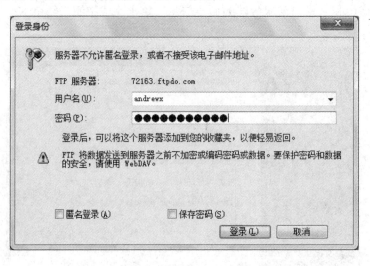

图 12-10   登录 FTP 站点

任务 12-3   DNS 数据分析

本任务要完成 DNS 数据分析，具体步骤如下：

(1) 在 Wireshark 筛选器输入 "dns"，对捕获的数据进行筛选，窗口中显示出 PC 与 DNS Server 之间的 DNS 查询和应答报文，如图 12-11 所示。

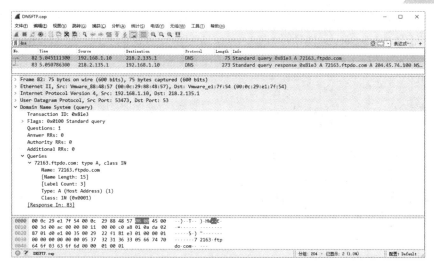

图 12-11　DNS 查询和应答报文

(2) 从第 82 号数据报文中可以看到，该 DNS 查询报文是基于 UDP 的，PC 使用的端口号为"53473"，DNS Server 使用的端口号为"53"，该查询报文查询的域名为"72163.ftpdo.com"，查询的类型为"A"记录类型。

(3) 选择第 83 号由 DNS Server 发往 PC 的应答报文，在分组详情窗口可以看到该数据包的主要字段及相应值，如图 12-12 所示。

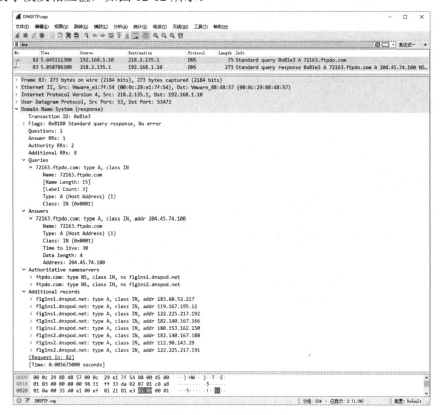

图 12-12　DNS 应答报文

(4) 从该数据报文中可以看到，该 DNS 应答报文也是基于 UDP 的，PC 使用的端口号为 "53473"，DNS Server 使用的端口号为 "53"，被查询的域名 "72163.ftpdo.com" 的 IP 地址为 "204.45.74.100"，授权应答(Authority Record)一共是 2 条，附加应答(Additional Record)一共是 8 条。

任务 12-4　FTP 数据分析

本任务要完成 FTP 数据分析，具体步骤如下：

(1) 在过滤器中设置过滤条件为 "IPv4.Address ==204.45.74.100"(204.45.74.100 为通过 DNS Server 查询到的 72163.ftpdo.com 的 IP 地址)，对捕获的数据包进行显示过滤，如图 12-13 所示。从筛选后的数据包中可以看出，PC 与 FTP Server 首先经过三次 TCP 握手建立了控制连接，PC 使用的端口号为 "49167"，FTP Server 使用的端口号为 "21"。

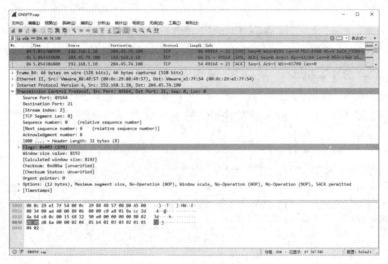

图 12-13　设置过滤条件

(2) FTP Server 返回给 PC 的应答码为 220，表明服务器就绪，准备接受新用户，如图 12-14 所示。

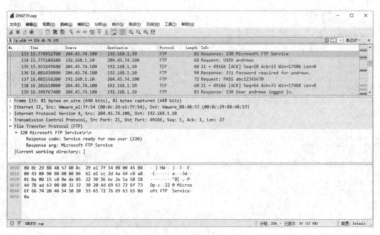

图 12-14　FTP 服务器应答

(3) PC 发送一个"USER"命令，后面的"Request arg"为"andrewx"，如图 12-15 所示。

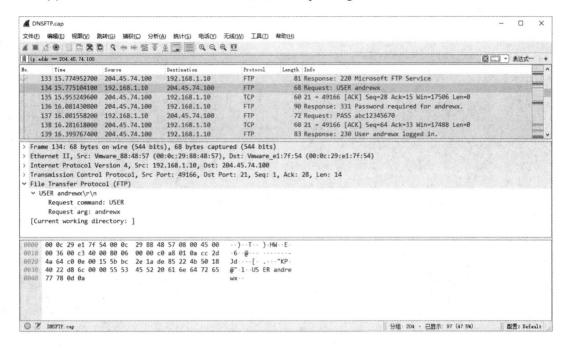

图 12-15　发送 FTP 用户名

(4) FTP Server 进行应答，应答码为"331"，表示用户名被接受，要求输入口令，如图 12-16 所示。

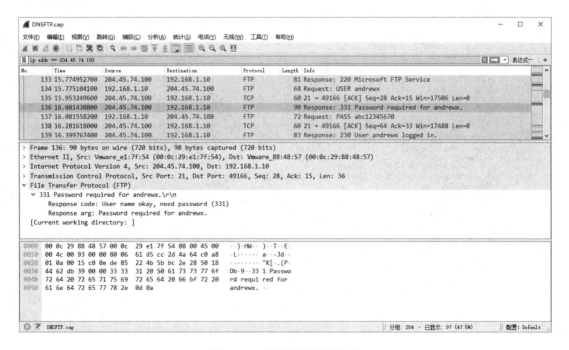

图 12-16　服务器接受用户名

(5) PC 发送 "PASS" 命令，后面的 "Request arg" 为 "abc12345670"，即为登录密码，如图 12-17 所示。

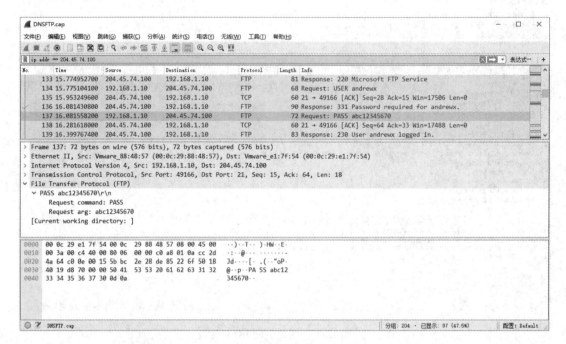

图 12-17   提交密码

(6) FTP Server 产生一个应答，应答码为 "230"，表示用户成功登录，如图 12-18 所示。

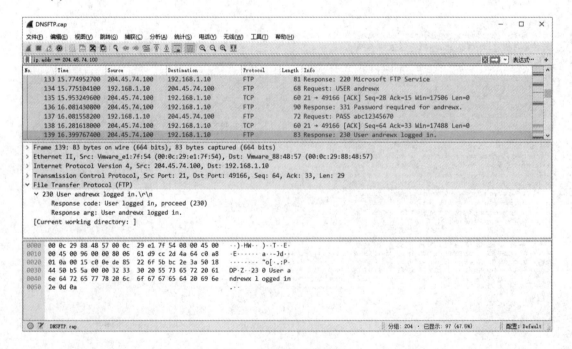

图 12-18   用户成功登录

（7）PC 发送"PWD"命令，显示当前工作目录，如图 12-19 所示。

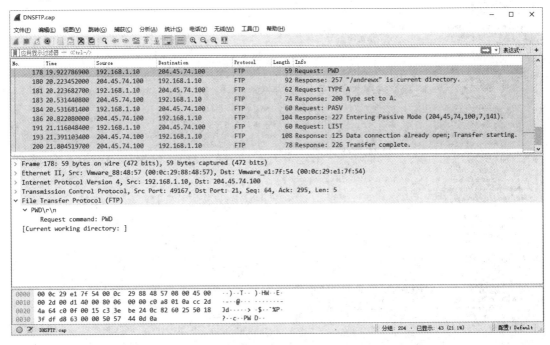

图 12-19　发送 PWD 命令

（8）FTP Server 返回一个应答，应答码为"257"，表示命令被接受，并给出了回应消息，如图 12-20 所示。

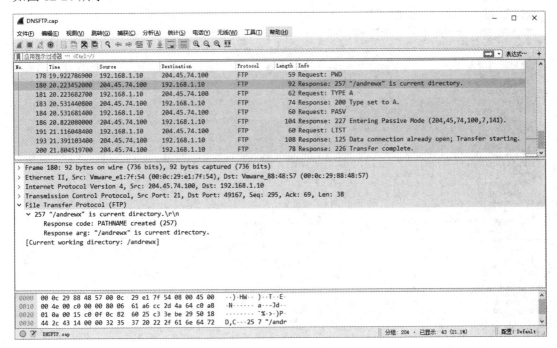

图 12-20　执行 PWD 命令结果

(9) PC 发送一个"TYPE A"命令，设置文件的数据类型，如图 12-21 所示。

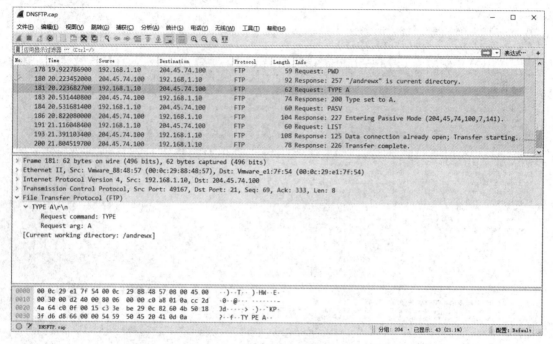

图 12-21　发送 TYPE 命令

(10) FTP Server 返回一个应答，应答码为 200，表示接受文件的数据类型设置为 ASCII，如图 12-22 所示。

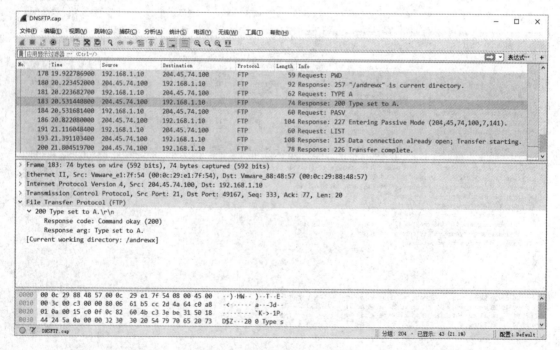

图 12-22　执行 TYPE 命令结果

(11) FTP Server 发送一个"PASV"命令被动打开服务器的 1933 号端口(5*7 + 141 = 1933),如图 12-23 所示。

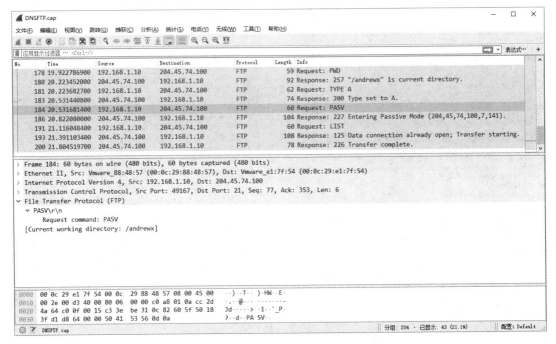

图 12-23 被动模式打开连接

(12) FTP Server 返回一个应答,应答码为 227,表示命令被接受,如图 12-24 所示。

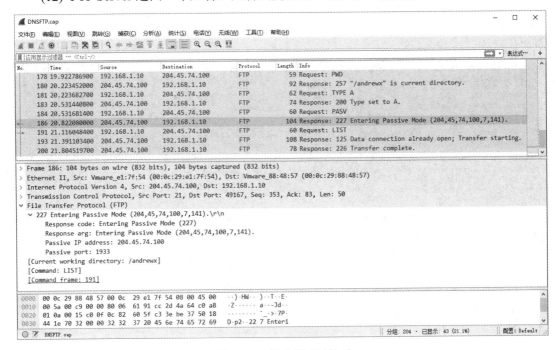

图 12-24 被动模式被接受

(13) PC 发送一个"LIST"命令，列出 FTP Server 上的目录，如图 12-25 所示。

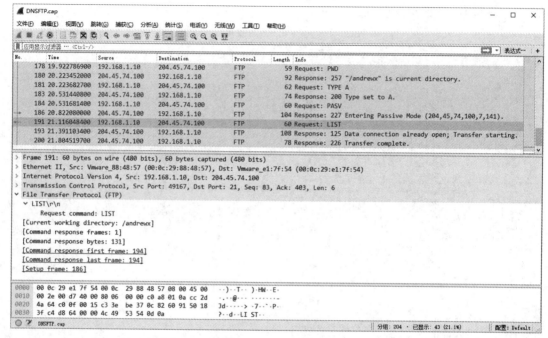

图 12-25   LIST 命令

(14) FTP Server 对命令结果进行数据传输，完成后 FTP Server 返回一个应答，应答码为 226，如图 12-26 所示。

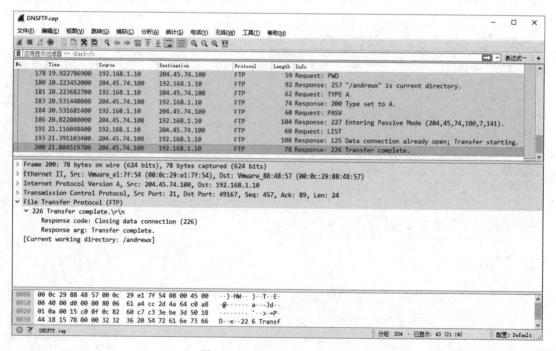

图 12-26   LIST 命令执行结束

小　　结

对于一个特定的域名，必须将域名交由某个 DNS 服务器进行解析，才能将域名指向对应的 IP 地址，才能让客户通过域名访问对应的站点，这个负责最终解析域名的服务器就是权威服务器。简单来说，就是不断迭代或者直接通过缓存解析出域名的那个服务器地址就是权威解析服务器。

练　习　题

1. 关于 DNS 下列说法错误的是(　　　)。

A. 浏览器有 DNS 缓存　　　　　　　　B. 运营商服务器使用迭代查询

C. 路由器有 DNS 缓存　　　　　　　　D. 根服务器使用迭代查询

2. TP 的默认数据端口号是(　　　)。

A. 18　　　　　　B. 20　　　　　　C. 22　　　　　　D. 24

3. 在 ftp 的被动模式下，ftp 的客户端将通过控制连接向服务端传送(　　　)指令。

A. port　　　　　B. pass　　　　　C. pasv　　　　　D. put

4. 关于 DNS 下列说法正确的为(　　　)。

A. DNS 协议是网络层协议

B. DNS 是域名解析协议，负责域名转 IP

C. 23.23.23.23 是腾讯的 DNS 服务器

D. 中国具有 DNS 的 IPV4 根服务器

5. 用户在使用 IP 地址登录 FTP 的过程中，PC 发出的第一个报文是(　　　)报文。

A. IP　　　　　　B. ICMP　　　　　C. TCP　　　　　D. ARP

附录 A   练习题参考答案

项目 1

1	2	3	4	5
C	C	A	C	D

项目 2

1	2	3	4	5
B	A	B	B	C

项目 3

1	2	3	4	5
B	C	C	B	B

项目 4

1	2	3	4	5
B	A	C	A	B

项目 5

1	2	3	4	5
B	B	A	A	B

项目 6

1	2	3	4	5
B	C	B	A	B

项目 7

1	2	3	4	5
D	D	B	C	D

项目 8

1	2	3	4	5
D	D	B	C	D

项目 9

1	2	3	4	5
C	C	C	B	B

项目 10

1	2	3	4	5
A	C	B	A	B

项目 11

1	2	3	4	5
C	D	D	C	A

项目 12

1	2	3	4	5
A	B	A	A	C

附录 B　微课视频

网络协议分析工具

PPP帧结构分析

ARP攻击与防护

IP数据包分片

Tracert路由追踪

SYN Flood攻击与防御

UDP Flood攻击与防御

HTTP报文格式分析

HTTPS数据分析

FTP报文结构分析

DHCP攻击与防御

带路由的综合案例

参 考 文 献

[1]　楼桦. TCP/IP 协议分析与应用[M]. 北京. 高等教育出版社，2015.

[2]　杨延双，张建标. TCP/IP 协议分析及应用[M]. 北京. 机械工业出版社，2020.

[3]　林沛满. Wireshark 网络分析就这么简单[M]. 北京. 人民邮电出版社，2021.